Python 编程从入门到精通

天明教育 IT 教育研究组 编

辽宁大学出版社
Liaoning University Press

图书在版编目（CIP）数据

Python 编程从入门到精通/天明教育 IT 教育研究组编．—沈阳：辽宁大学出版社，2021.7（2023.3 重印）
ISBN 978-7-5698-0427-0

Ⅰ.①P… Ⅱ.①天… Ⅲ.①软件工具—程序设计 Ⅳ.①TP311.561

中国版本图书馆 CIP 数据核字（2021）第 129219 号

Python 编程从入门到精通
Python BIANCHENG CONG RUMEN DAO JINGTONG

出 版 者：辽宁大学出版社有限责任公司
（地址：沈阳市皇姑区崇山中路 66 号　　邮政编码：110036）
印 刷 者：河南省邮发印刷有限责任公司
发 行 者：辽宁大学出版社有限责任公司
幅面尺寸：185mm×260mm
印　　张：15.5
字　　数：340 千字
出版时间：2021 年 7 月第 1 版
印刷时间：2023 年 3 月第 2 次印刷
责任编辑：郝雪娇
封面设计：翟　曦
责任校对：齐　悦

书　　号：ISBN 978-7-5698-0427-0
定　　价：50.00 元

联系电话：024-86864613
邮购热线：024-86830665
网　　址：http://press.lnu.edu.cn
电子邮件：lnupress@vip.163.com

不少编程学习者因为编程语言的复杂多变、难度太大而选择中途放弃。实际上，只要掌握了编程语言的变化规律，即使再晦涩难懂的专业名词或者技术也无法阻挡学习者的脚步。对于初学者来说，有一本易读易懂的编程入门书籍是非常重要的。为此，本书编写组编写了这样一本能够引领初学者入门，逐步提高编程技能的书籍——《Python 编程从入门到精通》。

Python是一种解释型、面向对象、动态数据类型的高级程序设计语言。Python语言简单、易读、易学、易用，非常适合编程入门。其实，市面上关于 Python 的书籍有很多，但是真正适合初学者的书籍并不是很多，尤其是以 Python 3 为主体的书籍就更少了。本书从初学者的角度出发，通过通俗易懂的语言、丰富多彩的示例，循序渐进地介绍了使用 Python 进行程序开发应掌握的各方面知识内容。

本书提供了从入门到编程高手所必备的各类知识，共有十六章，包括认识 Python、变量和数据类型、运算符与条件表达式、列表和元组、字典和集合、流程控制语句、函数、正则表达式、异常处理及程序调试、面向对象程序设计、模块、读写文件、操作数据库、Django Web 框架、进程和线程、网络编程等内容。所有知识内容都结合具体示例进行讲解，涉及的程序代码都给出了详细的注释以及执行结果，读者可以轻松体会 Python 程序开发的精髓，快速提升开发技能。本书不仅可作为编程初学者、爱好者、自学者、软件开发入门者的学习用书，还可供开发人员查阅、参考使用。

结构合理，简洁易懂

本书按照先语法，后示例，再结果的顺序展开编写，符合人们的认知过程，就是为了让读者看得懂，学得会，做得出。

由易到难，循序渐进

本书定位以初学者为主，循序渐进地讲解了 Python 在各个方面的知识内容。讲解过程中步骤详尽，方法得当，版式新颖，让读者在阅读中一目了然，从而快速掌握书中内容。

丰富示例，轻松易学

对初学者来说，示例学习能够更好地理解知识点。本书中每个知识点都有相对应的示例，而且为了方便读者阅读示例中的程序代码，轻松理解代码含义，书中的每行代码几乎都提供了注释。

精彩板块，贴心提醒

本书根据需要在各章节中设置了很多“注意”“提示”“说明”等板块，读者可以在这些贴心提醒下避免学习误入“雷区”，轻松理解相关知识点，掌握应用技巧。

由于编写时间和编者水平有限，书中难免存在不妥和疏漏之处，恳请广大读者批评、指正。

本书编写组

目　录

第一章　认识 Python

第二章　变量和数据类型

第三章 运算符与条件表达式

第四章 列表和元组

第五章　字典和集合

第六章　流程控制语句

第七章　函数

第八章 正则表达式

第九章 异常处理及程序调试

第十章 面向对象程序设计

第十一章 模块

第十二章 读写文件

第十三章 操作数据库

第十四章 Django Web 框架

第十五章 进程和线程

第十六章 网络编程

附录 Python 案例实操手册

第一章 认识 Python

✦ 1.1 Python 编程语言概述

❖ 1.1.1 Python 的简介

Python 起源于 20 世纪 90 年代初，是由荷兰人吉多·范罗苏姆（Guido van Rossum) 为了打发时间而发明出来的。Python 的英文本义是指“蟒蛇”，故其 logo 样式为两条蛇。因为吉多•范罗苏姆是 BBC 电视剧——《蒙提•派森的飞行马戏团》（Monty Python's Flying Circus) 的爱好者，故以 Python 命名。

被称为“胶水语言”的 Python 是一种面向对象的解释型高级编程语言，具有简单易学、易操作等特点，可以将其他语言（尤其是 C/C++) 编写的程序进行集成和封装。

表 1 Python 语言的版本

版本	更新时间
Python1.0 版本	1994 年
Python2.0 版本	2000 年
Python2.7 版本（Python2.X 的最后一个版本）	2010 年
Python3.0 版本	2008 年
Python3.9 版本	2020 年 10 月

2016 年以后，所有重要的标准库和第三方库都已在 Python 3.X 版本下进行演进和发展，所以对于初学者来说，建议选择 Python3.X。

❖ 1.1.2 Python 的应用范围

Python 是一种功能强大、简单易学的编程语言，其应用范围广泛，备受好评。Python 的应用范围概括起来主要有以下几个方面：① Web 开发；②大数据处理；③科学计算；④人工智能；⑤网络编程；⑥网络爬虫；⑦游戏开发。

❖ 1.1.3 Python 的开发工具

➤ 1. IDLE

IDLE 是 Python 自带的文本编辑器。由于 IDLE 简单、方便，很多初学者都会使用它。

➤ 2. PyCharm

PyCharm 是由 JetBrains 公司开发的一款 Python 开发工具。PyCharm 集成了一些系列开发功能，大大节省了程序开发时间，运行更快速，代码可以自动更新格式，支持多个操作系统。PyCharm 在其官方网站（http://www.jetbrains.com/pycharm/）中提供了两个版本，一个是社区版（免费并且提供源程序），另一个是专业版（免费试用），用户可以根据需要选择下载版本。

3. Microsoft Visual Studio Code

Microsoft Visual Studio Code 是一个由微软开发的文本编辑器，它同时支持 Windows、Linux 和 Mac OS 操作系统并且开放源代码。Microsoft Visual Studio Code 支持调试并且内置了 Git 版本控制功能，同时也具有开发环境功能。

1.1.4 程序的基本编写方法

程序语言一共经历了机器语言、汇编语言、高级语言 3 个阶段，而 Python 语言是属于高级语言中的脚本语言。无论哪种语言，在面对计算问题时能分析并理解是十分重要的。无论面对的计算程序规模大还是小，每个程序都有统一的编写运行模式，即程序的基本编写方法：IPO（input，process，output）方法。

图 1.1 程序的基本编写方法

输入（input）是程序的开始，可兼容不同的程序输入方式；处理（process）是程序对输入的数据进行处理，然后计算出结果的过程，也就是程序的灵魂“算法”；输出（output）是将运行程序计算出的结果显示出来，输出方式有多种类型，根据需要调整。

1.2 搭建 Python 开发环境

1.2.1 开发环境概述

Python 是一种跨平台的编程语言，它可以在所有主流操作系统上进行编程，并且编写好的程序可以在不同的系统上运行。

对于 Windows 系统，建议使用 Windows 7 或者以上版本。另外，Python 3.5 及以上版本不能在 Windows xp 系统上使用。

Mac OS 系统从 Mac OS X 开始自带 Python，但是系统自带的 Python 版本与 Python 官网最新的稳定版本相比可能已经过时了，所以有时还是需要安装更新的版本。

Linux 系统是为编程而设计的，所以大多数 Linux 系统默认安装了 Python。Linux 有众多发行版本，推荐使用 Ubuntu 版本。

☞ 提示

在不同的操作系统中，安装 Python 的方法存在细微的差别。本书采用的是 Windows 系统，所以接下来仅讲解在 Windows 系统中安装 Python。

1.2.2 在 Windows 系统中安装 Python

因为 Python 是一种解释型编程语言，所以要进行 Python 开发，需要先安装 Python 解释器，这样才能运行已经编写好的代码。这里所说的安装 Python 实际上就是安装 Python 解释器。

在 Windows 系统中安装 Python 的具体操作步骤如下。

(1) 访问 Python 官方网站（https://www.python.org/），进入官方网站首页。

(2) 将鼠标指向“Downloads”菜单，将显示和下载有关的菜单项，还可以看到一个用于下载最新版本 Python 的按钮，如图 1.2 所示。单击该按钮，将根据系统自动下载正确的安装程序。

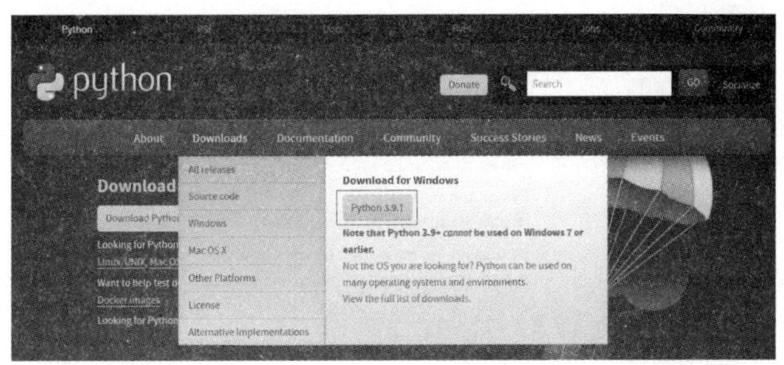

图 1.2 Python 官方网站首页

另外，单击“Windows”菜单项，可以进入详细的下载界面，如图 1.3 所示。在打开的下载界面中，列出了 Python 提供的各个版本的下载链接，用户可以根据需要下载。

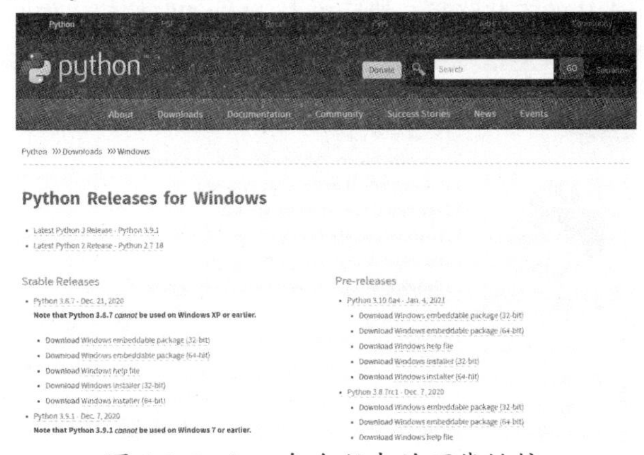

图 1.3 Python 各个版本的下载链接

(3) 本节以下载 Python 最新版本 Python 3.9.1 为例，直接单击“Python 3.9.1”按钮，将根据系统自动下载适用于 Windows 64 位操作系统的离线安装包（编者使用的电脑是 64 位的 Windows 10 操作系统）。

(4) 双击下载后得到的安装文件“python-3.9.1-amd64.exe”，将显示安装向导对话框，选中“Add Python 3.9 to PATH”复选框，以方便轻松地配置系统，如图 1.4 所示。

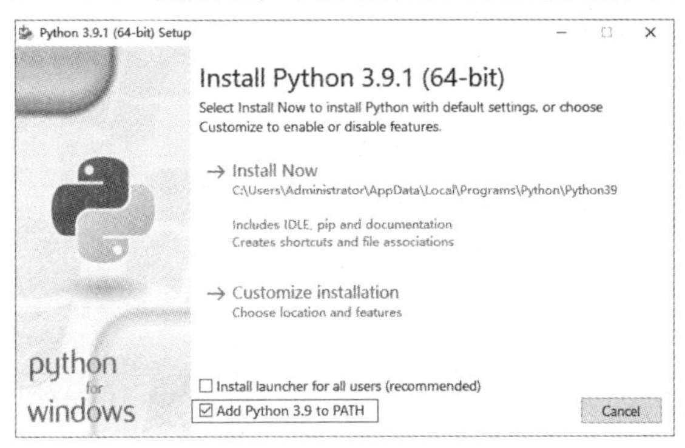

图 1.4 Python 安装向导

(5) 单击 “Customize installation” 按钮，在打开的界面中确认勾选所有选项，然后单击 “Next” 按钮，如图 1.5 所示。

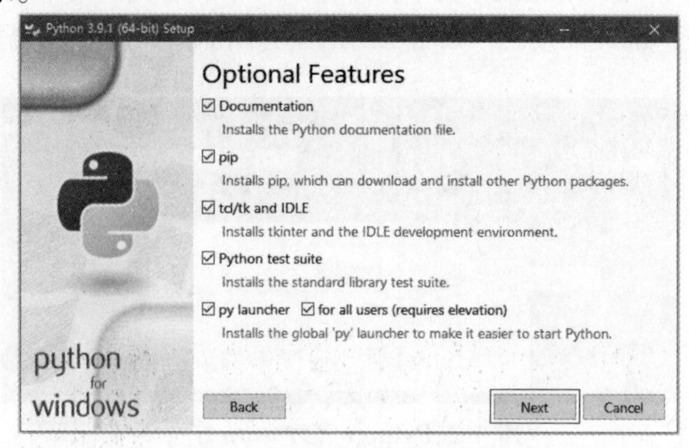

图 1.5 设置 Python 安装选项

(6) 在打开的界面中，确认勾选 “Install for all users” 复选框，在此界面中可以更改安装路径，这里采用默认的安装路径，然后单击 “Install” 按钮，如图 1.6 所示。

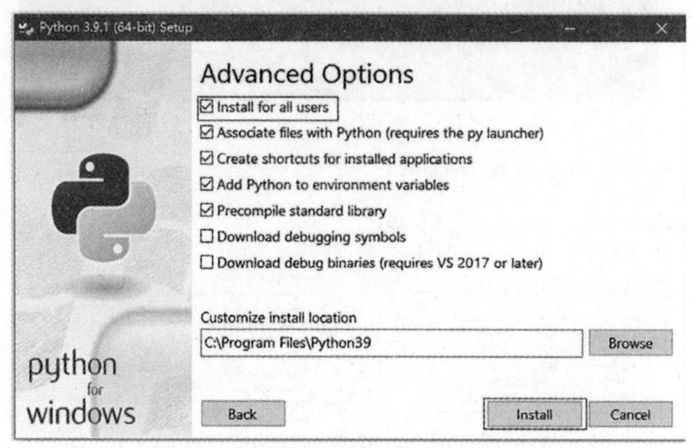

图 1.6 设置 Python 安装路径

(7) 将开始安装 Python，安装完成后将弹出如图 1.7 所示的界面，然后单击 “Close” 按钮。

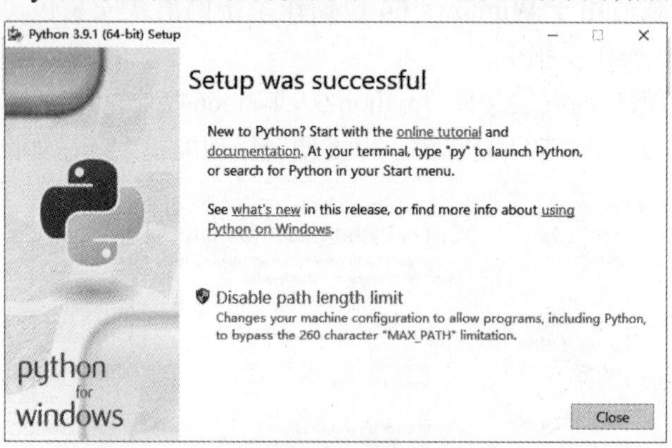

图 1.7 安装完成

(8) 之后，检查 Python 是否真的安装成功。在 Windows 10 系统中，利用 “Windows+R” 快捷键打开 “运行” 对话框，在 “打开” 文本框中输入 “cmd”，单击 “确定” 按钮，启动命令行窗口。在当前的命令提示符后面输入 “python”，并且按下 “Enter” 键。如果出

现如图 1.8 所示的信息，则说明 Python 安装成功，同时也进入交互式 Python 解释器中，否则安装失败。

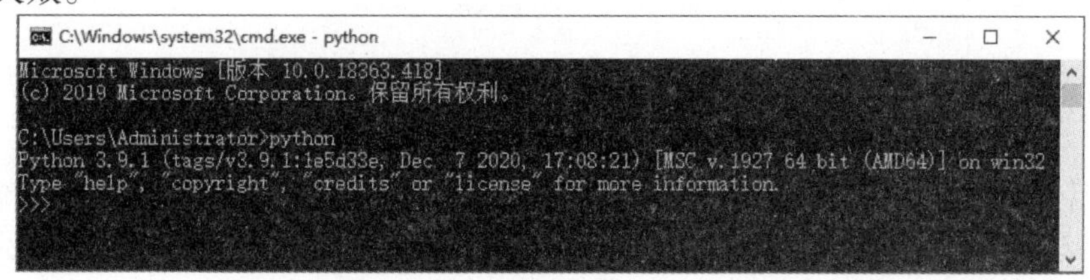

图 1.8 在命令行窗口中运行的 Python 解释器

另外，也可以按住“Shift”键并用鼠标右击桌面，在弹出的快捷菜单中选择“在此处打开 PowerShell 窗口”。在 PowerShell 窗口中输入“python”，并且按下“Enter”键。如果出现如图 1.9 所示的信息，则说明 Python 安装成功，否则安装失败。

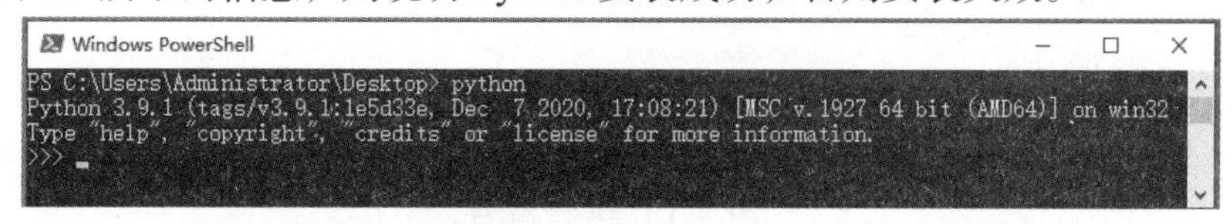

图 1.9 在 PowerShell 窗口中运行的 Python 解释器

❖ 1.2.3 运行 Python 程序

Python 程序运行方式为交互式和文件式。

(1) 在命令行窗口中启动的 Python 解释器中运行 Hello world 程序。使用上面讲述的方法启动命令行窗口，进入 Python 解释器中。在当前的 Python 提示符“>>>”的右侧输入以下代码。

```
print("Hello World")
```

按下“Enter”键，运行结果，如图 1.10 所示。

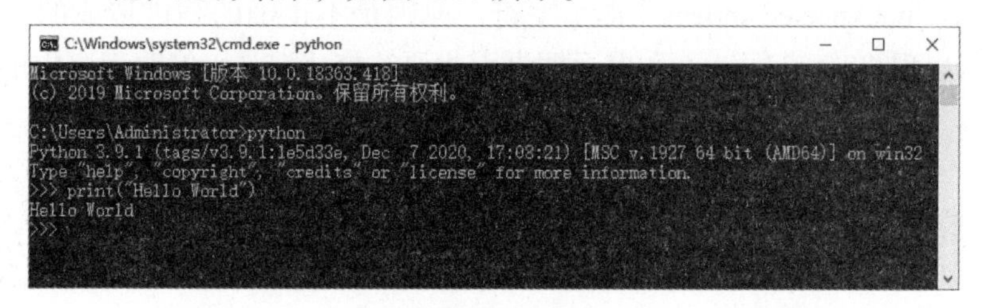

图 1.10 在命令行窗口中输出 Hello World

还可以通过启动命令行窗口，在命令提示符后面输入“Python”，空一格，输入文件的保存地址，单击“Enter”键运行已编写好的 .py 文件。

※ 说明

图 1.10 在命令行窗口中输出 Hello World 说明 Python 提示符“>>>”表示 Python 的交互模式正在等待用户输入内容。

(2) 在 Python 自带的 IDLE 中运行 Hello World 程序。

Python 安装成功后，会自动安装一个开发工具 IDLE。单击 Windows 10 操作系统的“开始”图标，在“最近添加”中找到并单击“IDLE(Python3.964-bit)”，打开 IDLE 窗口，在 Python 提示符“>>>”右侧输入与 (1) 相同的代码。按下“Enter”键，运行结果如图 1.11 所示。

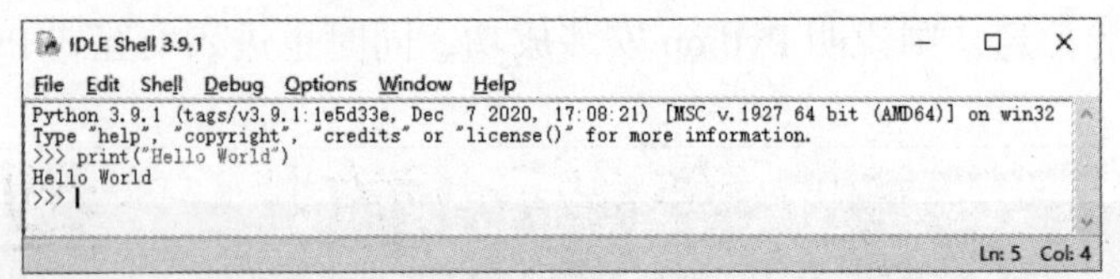

图 1.11 在 IDLE 中输出 Hello World

通过以上方式，完成了在 Window 系统中的第一个 Python 程序。输入完程序后，选择“File”→“Save”菜单（或 Ctrl+S）保存在在 pythonlearn 文件夹里，文件名后缀设置为“py”。“py”是 Python 的缩写，作为文件的扩展名。保存完成后，单击菜单栏中的“Run”→“Run Module”项（或按 F5）运行保存好的 Hello.py 文件，如图 1.12 所示。

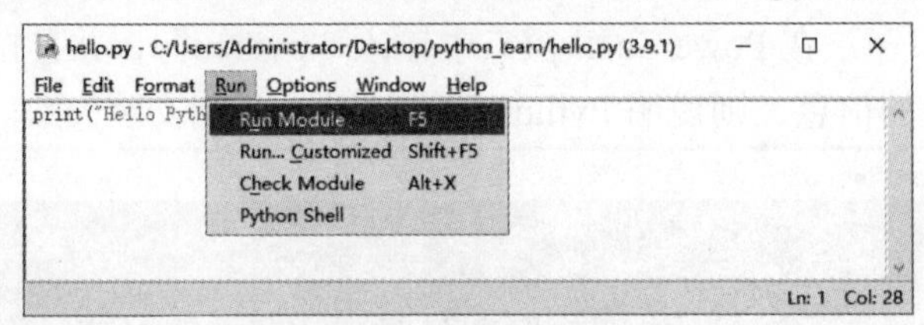

图 1.12 运行程序

❖ 1.2.4 Python 程序常见小问题

①若窗口提示“Setup failed”即安装失败，原因可能是安装的 Python 解释器版本较高，与系统不匹配。可重装且不能低于 Python3.3.1 版本。

注意

Python2.x 版本与 Python3.x 版本互不兼容。

②若出现“命令提示符”对话框，原因是路径配置缺失。可在【我的电脑】→【属性】→【高级系统设置】→【环境变量】→双击“path”并修改，输入 Python.exe 所在目录。

③若出现“unexpected indent”提示字符，原因是不正确的缩进造成的，令程序缩进一致即可；若出现“invalid syntax”提示框是因为语法格式错误，修改程序中的语法即可。

第二章 变量和数据类型

✦ 2.1 Python 语法规则

❖ 2.1.1 注释

注释的作用是对编写的代码进行解释和说明，让他人了解代码实现的功能，从而帮助程序员更好地阅读代码。注释的内容不会被 Python 解释器执行，也不会在执行结果中体现出来。在 Python 中，通常包括单行注释、多行注释和中文编码声明注释三种类型。

➤ 1. 单行注释

在 Python 中，采用“#”作为单行注释的符号。注释从符号“#”开始直到换行为止，“#”后所有的内容都作为注释的内容，将会被 python 解释器忽略。语法格式如下。

```
# 注释内容
```

单行注释可以放在要注释代码的前一行，也可以放在要注释代码的右侧，如图 2.1 所示。

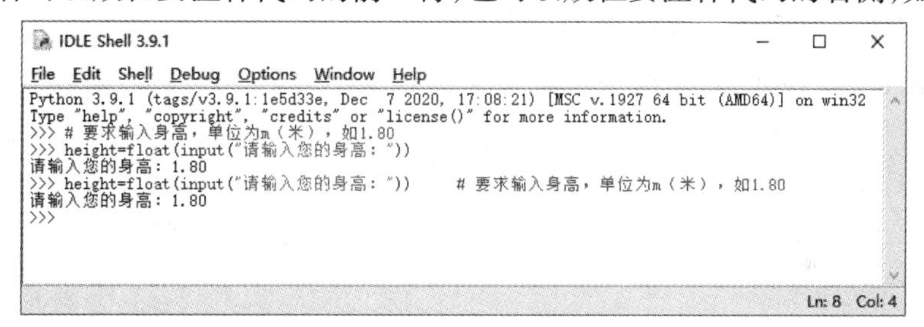

图 2.1 Python 中的注释

➤ 2. 多行注释

在 Python 中，多行注释的内容包含在一对三引号 (''' ……''' 或者 """……""") 之间。语法格式如下。

```
01  '''
02  注释内容 1
03  注释内容 2
04  注释内容 3
05  ……
06  '''
```

或者

```
01  """
```

```
02  注释内容 1
03  注释内容 2
04  注释内容 3
05  ……
06  """
```

多行注释通常用来为 Python 文件、模块、类或者函数等添加版权、功能等信息。

【例 2.1】

下列代码将使用多行注释为程序添加功能、版权、开发日期等信息。

```
01  '''
02  编程规范
03  开发者：天明科技
04  版权所有：天明教育
05  开发日期：2023 年 2 月 1 日
06  '''
```

➤ 3. 中文编码声明注释

在 Python 中，中文编码声明注释的出现主要是为了解决 Python 2.X 中不支持直接写中文的问题。虽然此问题在 Python 3.X 中已经不存在，但是为了规范编码，增强代码的可执行性，方便其他程序员及时了解程序所用的编码，建议初学者在程序开头处加上中文编码声明注释。

语法格式如下。

```
# -*- coding:编码 -*-
```

或者

```
# coding=编码
```

上述语法中的编码指的是编写程序所用的字符编码类型，如 UTF-8、GBK 编码等。如果采用 UTF-8 编码，则设置为 utf-8；如果采用 GBK 编码，则设置为 gbk 或者 cp936。

【例 2.2】

保存文件编码格式为 utf-8，可以使用下列的中文编码声明注释。

```
# coding=utf-8
```

※ 说明

上述语法中的“-*-”没有实际意义，只是为了美观才加上去的，可以直接去掉。

❖ 2.1.2 代码缩进

与其他程序设计语言（如 Java、C 语言等）采用大括号“{}”分隔代码块不同，Python 采用代码缩进和冒号“:”来区分代码之间的层次。

在 Python 中，实现对代码的缩进，可以使用空格或者 Tab 键。一般采用 4 个空格或

者一个 Tab 键来表示一个缩进量。

在 Python 中，对于类定义、函数定义、流程控制语句、异常处理语句等，行尾的冒号和下一行的缩进表示一个代码块的开始，而缩进结束，则表示一个代码块的结束。

下面通过一段代码来了解代码缩进规则。

【例 2.3】

```
01  >>> s=""
02  >>> if s:
03            print("s 不是空字符串 ")
04  else:
05            print("s 是空字符串 ")
06
07  s 是空字符串
```

Python 对代码的缩进要求非常严格，同一级别的代码块的缩进量必须相同。如果采用了不合理的代码缩进，将导致 SyntaxError 异常。

对例 2.3 中的代码做错误改动，将第四行代码的缩进量设置为 4 个空格。

【例 2.4】

```
01  >>> s=""
02  >>> if s:
03            print("s 不是空字符串 ")
04      else:
05            print("s 是空字符串 ")
06
07  SyntaxError: unindent does not match any outer indentation level
```

由例 2.4 可以看出，第二行代码和第四行代码本来属于同一作用域，但手动修改了第四行代码的缩进量后，导致了 SyntaxError 异常。

❖ 2.1.3 Python 代码编写规范

遵循编码规范编写代码不仅可以使代码更加规范化、增加可读性，对代码的维护也起到至关重要的作用。Python 采用 PEP 8 作为编码规范，其中 PEP 是 Python Enhancement Proposal（Python 增强建议书）的缩写，8 表示版本。PEP 8 是 Python 代码的样式指南，下面列出了 PEP 8 编码规范中应该严格遵守的条目。

(1) 模块导入：每个 import 语句只导入一个模块，尽量避免一次导入多个模块；各模块类型导入之间要有空行分割，各组里面的模块的顺序按模块首字母自上而下升序排列。

下面通过例 2.5 来了解模块导入的常见错误。

【例 2.5】

```
01  # 一行导入多个模块
02  import sys, os, knife
03
04  # 不按首字母自上而下升序导入
```

```
05  import create
06  import active
07  import beyond
```

(2) 行的最大长度：所有行限制的最大字符数为 79，如果超过，建议使用小括号“()”将多行内容隐式地连接起来，而不推荐使用反斜杠“\”进行连接。

【例 2.6】

```
01  # 使用小括号“()”将一个字符串文本分行显示
02  print("如果我是开水，你是茶叶，那么你的香郁，必须依赖我的无味。"
      "让你的干枯，柔柔的，在我里面展开、疏散，让我的浸润舒展你的容颜。")
03  # 不推荐使用反斜杠“\”进行连接
04  print("如果我是开水，你是茶叶，那么你的香郁，必须依赖我的无味。\
    让你的干枯，柔柔的，在我里面展开、疏散，让我的浸润舒展你的容颜。")
```

例 2.6 中的一个字符串文本无法在一行中显示，可以使用小括号“()”将其分行显示，不推荐使用反斜杠“\”进行连接。

不过有两种情况除外：导入模块的语句过长；注释里的 URL。

(3) 空行：顶层函数和类的定义，前后用两个空行隔开；类里的方法定义用一个空行隔开。

(4) 空格：各种右括号前不要加空格；逗号、冒号、分号前不要加空格；函数的左括号前不要加空格；序列的左括号前不要加空格；操作符左右各加一个空格，不要为了对齐增加空格；函数默认参数使用的赋值符左右省略空格；尽管允许使用“;”，也不要将多个语句写在同一行；if/for/while 语句中，即使执行语句只有一句，也必须另起一行。

下面通过例 2.7 来了解空格使用的常见错误。

【例 2.7】

```
01  # 逗号、冒号、分号前加空格
02  if x == 4 : print x , y ; x , y = y , x
03
04  # 函数的左括号前加空格
05  spam (1)
06  dct ['key'] = lst [index]
07
08  # 操作符前后因为对齐添加多个空格
09  x             = 1
10  y             = 2
11  long_variable = 3
```

(5) 命名：模块名应该尽量简短，并且全部使用小写字母，多字母之间可以使用下划线连接，如 game_main、game_register、bmiexponent 都是推荐使用的模块名称；包名也应该尽量简短，并且全部使用小写字母，不推荐使用下划线连接多个字母，如 com.mingrisoft、com.mr、com.mr.book 都是推荐使用的包名称，而 com_mingrisoft 是不推荐使

用的；类名采用单词首字母大写形式，即 Pascal 风格，如定义一个借书类，可以命名为 BorrowBook；常量命名时全部采用大写字母，可以使用下划线；使用单下划线“_”开头的模块变量或者函数是受保护的，在使用 import * from 语句从模块中导入时，这些变量或者函数不能被导入；使用双下划线“_ _”开头的实例变量或方法是类私有的。

2.2 变量

变量：在 Python 语言中，变量主要用来表示和保存数值，可随时命名、随时赋值和随时使用。

为变量赋值可以通过等号“=”来实现，语法格式如下。

```
变量名 =value
```

其中，value 表示赋给变量名的值。

【例 2.8】

```
01  >>> # 将 Hello Python World 赋值给变量 message
02  >>> message="Hello Python World"
03  >>> print(message)
04  Hello Python World
```

2.3 关键字与标识符

2.3.1 关键字

关键字又称保留字，是 Python 语言中已经被赋予特定意义的一些单词，在程序开发时，不可以把这些关键字作为变量、函数、类、模块和其他对象的名称来使用。Python 语言中的关键字，如表 2.1 所示。

表 2.1 Python 中的关键字

False	None	True	_ _peg_parser_ _	and	as
assert	async	await	break	class	continue
def	del	elif	else	except	finally
for	from	global	if	import	in
is	lambda	nonlocal	not	or	pass
raise	return	try	while	with	yield

注意

Python 中的所有关键字都是区分字母大小写的。例如，if 是关键字，但是 IF 就不属于关键字。

2.3.2 标识符

标识符可以简单地理解为一个名字，它主要用来标识变量、函数、类、模块和其他对象的名称。

Python 语言标识符命名时，应遵守以下规则。

(1) 由字母、数字和下划线组成，并且第一个字符不能是数字。目前 Python 中只允许使用 ISO-Latin 字符集中的字符 A~Z 和 a~z。

(2) 不能使用 Python 中的关键字，不能包含空格、@、%、$ 等特殊字符。

(3) 区分字母大小写。

(4) Python 中以下划线开头的标识符有特殊意义，应避免使用相似的标识符。

①以单下划线“_”开头的标识符，如 _height，表示不能直接访问的类属性。

②以双下划线“_ _”开头的标识符，如 _ _add，表示类的私有成员。

③以双下划线“_ _”开头和结尾的是 Python 里专用的标识，如 _ _ init_ _() 表示构造函数。

2.4 基本数据类型

2.4.1 数字

在编程中，经常使用数字来记录得分、表示可视化数据、存储 Web 应用信息等等。Python 能根据数字的用法以不同的方式处理它们。在 Python 中，数字类型主要包括整数、浮点数和复数，下面分别进行介绍。

1. 整数

(1) 整数类型。

整数用来表示整数数值，即没有小数部分的数值，包括正整数、负整数和 0。整数类型包括十进制数、八进制数、十六进制数和二进制数。

① 十进制数。十进制数的表现形式比较常见，如 314159265358979323、8888888888888888888、99999999999999999999999999999 等数字都是有效的十进制数。

②八进制数。由 0~7 组成，进位规则是“逢八进一”，并且是以 0o 开头的数，如 0o125（转换成十进制数为 85）、-0o125（转换成十进制数为 -85）。

③十六进制数。由 0~9，A~F 组成，进位规则是“逢十六进一”，并且是以 0x/0X 开头的数，如 0x24（转换成十进制数为 36）、0Xb01e（转换成十进制数为 45086）。

④二进制数。只有 0 和 1 两个基数，进位规则是“逢二进一”，如 111（转换为十制数为 7）、10101（转换为十进制为 21）。

注意

(1) 不能以 0 作为十进制数的开头。

(2) 在 Python 3.X 中，对于八进制数，必须以 0o 或者 0O 开头。

(3) 十六进制数必须以 0x 或者 OX 开头。

(2) 整数运算。

在 Python 中，可对整数执行加（+）、减（-）、乘（*）、除（/）运算。

【例 2.9】

```
01  >>> 6+6
02  12
03  >>> 8 - 3
04  5
```

```
05  >>> 15*2
06  30
07  >>> 30/6
08  5.0
```

Python 也提供了指数计算方式，可以使用“**”操作符来计算指数。

【例 2.10】

```
01  >>> 2**6
02  64
03  >>> 4**2
04  16
```

Python 还支持运算次序，因而可在同一个表达式中使用多种运算。同时，还可以使用小括号“()”来修改运算次序，让 Python 按照指定的次序执行运算。

【例 2.11】

```
01  >>> (20-16)*3/2
02  6.0
```

☞ 提示

在上面的示例中，空格不影响 Python 计算表达式的方式。它们的存在旨在帮助用户在阅读代码时，能迅速确定先执行哪些运算。

如果想让上次计算的结果再次参与计算，那么可以使用变量存储结果。使用“=”操作符来给变量赋值，在交互模式中赋值操作的结果不会被显示出来。

【例 2.12】

```
01  >>> width=120
02  >>> height=4*6
03  >>> width * height
04  2880
```

如果一个变量未被定义过（未被赋值过）就被使用，那么 Python 解释器将会显示一个错误提示。

【例 2.13】

```
NameError: name 'u' is not defined
```

➤ 2. 浮点数

上面讲述整数运算的示例中出现了带有小数的数字，如 5.0、2.0、6.0，这些数字被称为浮点数。

浮点数由整数部分和小数部分组成，主要用于处理包括小数的数字，如 −1.732、1.414、

2.236 等。浮点数也可以使用科学计数法表示，如 −3.14e5、2.7e2、4.5e3 等。

从很大程度上讲，使用浮点数时无须考虑其行为，只需输入要使用的数，Python 通常会按照用户所期望的方式去处理它们。

【例 2.14】

```
01  >>> 0.3+0.3
02  0.6
03  >>> 10.0-2.0
04  8.0
05  >>> 0.5*0.5
06  0.25
```

需要注意的是，在使用浮点数进行计算时，可能会出现小数位数不确定的情况。例如，计算 0.1+0.2、0.1*3 时，将得到 0.30000000000000004，但实际想要的结果应该为 0.3。

【例 2.15】

```
01  >>> 0.1+0.2
02  0.30000000000000004
03  >>> 0.1*3
04  0.30000000000000004
```

所有语言都存在这种问题，没有什么可担心的。Python 会尽力找到一种精确表示结果的方法，但鉴于计算机内部表示数的方式，这在有些情况下很难做到。就现在而言，暂时忽略多余的小数位数即可。

将任意两个数字相除，结果总是浮点数，即便这两个数字都是整数且能整除。若想让除法最后返回一个整数类型的结果，可以使用“//”操作符。“//”操作符只会去除结果中小数点后的数字，并不会进行“四舍五入”操作，若想获取两数相除后的余数可以使用“%”操作符。

【例 2.16】

```
01  >>> 11/3
02  3.6666666666666665
03  >>> 11//3
04  3
05  >>> 11%3
06  2
```

如果在运算中既有整数又有浮点数，那么 Python 会先把整数转换成浮点数，然后再进行运算，结果也总是浮点数。

【例 2.17】

```
01  >>> 1.0+2
02  3.0
03  >>> 2*1.2
```

```
04  2.4
05  >>> 5*3.4+2
06  19.0
07  >>> 2.0**3
08  8.0
```

※ 说明

无论是哪种运算，只要其中有浮点数，Python 默认得到的结果总是浮点数，即便结果原本为整数也是如此。

➤ 3. 复数

Python 中的复数与数学中的复数的形式完全一致，都是由实部和虚部组成，并且使用“j”或“J”表示虚部。当表示一个复数时，可以将其实部和虚部相加。例如，一个复数，实部为 4，虚部为 3j，则这个复数为 4+3j。

❖ 2.4.2 字符串

➤ 1. 字符串的使用

字符串就是连续的字符序列，可以是计算机所能表示的一切字符的集合。在 Python 中，字符串属于不可变序列，通常使用单引号“' '”、双引号“" "”或者三引号“''' '''” “""" """”括起来。这三种引号在语义上没有差别，只在形式上有些差别。其中，单引号和双引号内的字符序列必须在一行中，而三引号内的字符序列可以分布在连续的多行中。

【例 2.18】

```
01  >>> 'Can I help you?'
02  'Can I help you?'
03  >>> 'Of course!'
04  'Of course!'
05  >>>"How are you?"
06  'How are you?'
07  >>>"I'm fine."
08  "I'm fine."
09  >>> print('''
10  Can I help you?
11  Of course!
12  ''')
13
14  Can I help you?
15  Of course!
16  >>> print("""
17  How are you?
18  I'm fine.
```

```
19  """)
20
21  How are you?
22  I'm fine.
```

需要注意的是，字符串开始和结尾使用的引号形式必须一致。另外，当需要表示复杂的字符串时，还可以进行引号的嵌套。

【例 2.19】

```
01  >>> print('I like "python"!')
02  I like "python"!
03  >>> print("""
04  I told my friend,
05  "Python is my favorite language!"
06  """)
07
08  I told my friend,
09  "Python is my favorite language!"
```

➤ 2. 转义字符

Python 中的字符串还支持转义字符。转义字符是指使用反斜杠“\”对一些特殊字符进行转义。常用的转义字符，如表 2.2 所示。

表 2.2 常用的转义字符及其说明

转义字符	说明
\	续行符
\n	换行符
\0	空
\t	水平制表符，用于横向跳到下一制表位
\"	双引号
\'	单引号
\\	一个反斜杠
\f	换页
\0dd	八进制数，dd 表示字符，如 \012 代表换行
\xhh	十六进制数，hh 表示字符，如 \x0a 代表换行

【例 2.20】

```
01  >>> print("谦虚使人进步\012骄傲使人落后")
02  谦虚使人进步
03  骄傲使人落后
```

如果不希望字符被转义，可以在字符串引号前加上字母“r”或者“R”，那么该字符

将原样输出。

【例 2.21】

```
01  >>> print(r"谦虚使人进步\012骄傲使人落后")
02  谦虚使人进步\012骄傲使人落后
03  >>> print(R"谦虚使人进步\012骄傲使人落后")
04  谦虚使人进步\012骄傲使人落后
```

在例 2.18、例 2.19 中，利用三引号输出多行字符串时，每行结尾都会被自动加上一个换行符，如果不想输出换行符，可以在每行的最后加入反斜杠“\”来避免输出换行符。

【例 2.22】

```
01  >>> print('''\
02  Can I help you?
03  Of course!
04  ''')
05  Can I help you?
06  Of course!
```

3. 字符串常用操作

在 Python 中，可以使用“+”来连接两个字符串，使用“*”来重复字符串。

【例 2.23】

```
01  >>> 3*'am'+'fine'
02  'amamamfine'
```

两个或者多个字符串相邻，Python 解释器会自动合并字符串。

【例 2.24】

```
01  >>> 'Py'  'thon'
02  'Python'
```

在 Python 中，有一个内置函数“len()”，它可以返回字符串的长度。

【例 2.25】

```
01  >>> len('python')                    # 计算字符串的长度
02  6
03  >>> string='生活不易，且行且珍惜'         # 定义字符串
04  >>> length=len(string)               # 计算字符串的长度
05  >>> print(length)
06  10
```

通过例 2.25 可以发现，在默认情况下，通过 len() 函数计算字符串的长度时，不区分英文、数字和汉字，所有字符都认为是一个字节。

在 Python 中，字符串对象的 split() 方法可以实现字符串的分隔，即把一个字符串按

照指定的分隔符切分为字符串列表，该列表的元素中不包括分隔符。

【例 2.26】

```
01  >>> string='天 明 教 育  &&&  天 明 科 技'
02  >>> print('原字符串: ',string)
03  原字符串: 天 明 教 育  &&&  天 明 科 技
04  >>> list1=string.split()            # 采用默认分隔符进行分隔
05  >>> print(list1)
06  ['天', '明', '教', '育', '&&&', '天', '明', '科', '技']
07  >>> list2=string.split('&&&')       # 采用多个字符进行分隔
08  >>> print(list2)
09  ['天 明 教 育  ', '  天 明 科 技']
10  >>> list3=string.split(' ',4)       # 采用空格号进行分隔，并且只
    分隔前 4 个
11  >>> print(list3)
12  ['天', '明', '教', '育', ' &&&  天 明 科 技']
13  >>> list4=string.split('&') # 采用 & 号进行分隔
14  >>> print(list4)
15  ['天 明 教 育  ', '', '', '  天 明 科 技']
```

※ 说明

在使用 split() 方法时，如果不指定参数，默认采用空格符进行分隔。而且无论有几个空格，空格符都将作为一个分隔符进行分隔。

在 Python 中，字符串对象提供了很多应用于字符串查找的方法，如 count() 方法、find() 方法、index() 方法、startswith() 方法、endswith() 方法等。

【例 2.27】

```
01  >>> string='@天 明 教 育  @天 明 科 技  @Python'
02  >>> print('字符串"' ,string,'"中包括',string.count('@'),'
    个@符号')
03  字符串" @天 明 教 育  @天 明 科 技  @Python "中包括 3 个@符号
04  >>> print('字符串"' ,string,'"中包括',string.count('$'),'
    个$符号')
05  字符串 " @天 明 教 育  @天 明 科 技  @Python "中包括 0 个$符号
```

通过例 2.27 可以发现，count() 方法用于检索指定字符串在另一个字符串中出现的次数。如果检索的字符串不存在，则返回 0，否则返回出现的次数。

【例 2.28】

```
01  >>> string='@天 明 教 育  @天 明 科 技  @Python'
02  >>> print('字符串"' ,string,'"中@符号首次出现的位置索引
    为: ',string.find('@'))
```

```
03 字符串"@天 明 教 育  @天 明 科 技  @Python"中@符号首次出现的位
   置索引为： 0
04 >>> print('字符串"' ,string,'"中$符号首次出现的位置索引
   为：',string.find('$'))
05 字符串"@天 明 教 育  @天 明 科 技  @Python"中$符号首次出现的位
   置索引为： -1
```

通过例 2.28 可以发现，find() 方法用于检索字符串是否包含指定的子字符串。如果检索的字符串不存在，则返回 -1，否则返回首次出现该子字符串时的索引。

index() 方法同 find() 方法类似，也是用于检索字符串是否包含指定的子字符串。但是，在使用 index() 方法指定的子字符串不存在时，会导致 ValueError 异常。

【例 2.29】

```
01 >>> string='@天 明 教 育  @天 明 科 技  @Python'
02 >>> print('判断字符串"' ,string,'"是否以@符号开头，结果为：
   ',string.startswith('@'))
03 判断字符串" @天 明 教 育  @天 明 科 技  @Python "是否以@符号开
   头，结果为： True
04 >>> print('判断字符串"' ,string,'"是否以$符号开头,结果为：
   ',string.startswith('$'))
05 判断字符串" @天 明 教 育  @天 明 科 技  @Python "是否以$符号开
   头，结果为： False
```

通过例 2.29 可以发现，startswith() 方法用于检索字符串是否以指定子字符串开头，如果是则返回 True，否则返回 False。

【例 2.30】

```
01 >>> string='@天 明 教 育  @天 明 科 技  @Python/'
02 >>> print('判断字符串"' ,string,'"是否以/结尾，结果为：
   ',string.endswith('/'))
03 判断字符串" @天 明 教 育  @天 明 科 技  @Python/ "是否以/结尾，
   结果为： True
04 >>> print('判断字符串"' ,string,'"是否以@结尾，结果为：
   ',string.endswith('@'))
05 判断字符串" @天 明 教 育  @天 明 科 技  @Python/ "是否以@结尾，
   结果为： False
```

通过例 2.30 可以发现，endswith() 方法用于检索字符串是否以指定子字符串结尾，如果是则返回 True，否则返回 False。

在 Python 中，字符串对象提供了 lower() 方法和 upper() 方法进行字母的大小写转换，其中 lower() 方法用于将字符串中的全部大写字母转换为小写字母，upper() 方法用于将字符串的全部小写字母转换为大写字母。如果字符串中没有应该被转换的字符，则将原字符串返回；否则将返回一个新的字符串，将原字符串中每个该进行小写（或者大写）转换的字符都转换成等价的小写（或者大写）字符。字符串长度与原字符串长度相同。

【例 2.31】

```
01  >>> string='TianMing JiaoYu'
02  >>> print('原字符串: ', string)
03  原字符串:  TianMing JiaoYu
04  >>> print('新字符串 1: ', string.lower())        # 将原字符串转
    换为全部小写输出
05  新字符串 1:  tianming jiaoyu
06  >>> print('新字符串 2: ', string.upper())        # 将原字符串转
    换为全部大写输出
07  新字符串 2:  TIANMING JIAOYU
```

用户在输入数据时，可能会无意中输入多余的空格，但在一些情况下，字符串前后不允许出现空格和特殊字符，此时就需要去除字符串中的空格和特殊字符。在 Python 中，可以使用 strip() 函数去除字符串左右两边的空格和特殊字符，也可以使用 lstrip() 函数去除字符串左边的空格和特殊字符，还可以使用 rstrip() 函数去除字符串中右边的空格和特殊字符。

【例 2.32】

```
01  >>> string1='  \r天明教育  \n'
02  >>> print(string1)
03    天明教育
04
05  >>> print(string1.strip())      # 去除字符串首尾的空格和特殊字符
06  天明教育
07  >>> print(string1.lstrip())     # 去除字符串左侧的空格和特殊字符
08  天明教育
09
10  >>> print(string1.rstrip())     # 去除字符串右侧的空格和特殊字符
11    天明教育
12  >>> string2='@天明教育@'
13  >>> print(string2)
14  @天明教育@
15  >>> print(string2.strip('@')) # 去除字符串首尾的@符号
16  天明教育
17  >>> print(string2.lstrip('@'))# 去除字符串左侧的@符号
18  天明教育@
19  >>> print(string2.rstrip('@'))# 去除字符串右侧的@符号
20  @天明教育
```

通过例 2.32 可以发现，当 strip() 函数、lstrip() 函数、rstrip() 函数不指定要去除的字符时，默认将去除空格、制表符（\t）、回车符（\r）、换行符（\n）等。

❖ 2.4.3 其他常见数据类型

➤ 1. 布尔类型

布尔类型主要用来表示真或假的值。在 Python 中，标识符 True（真）和 False（假）被解释为布尔值。另外，Python 中的布尔值可以转化为数值，其中 True 表示 1，而 False 表示 0。

【例 2.33】

```
01  >> 2==3
02  False
03  >>> 5==5
04  True
05  >>> True==False
06  False
07  >>> False==False
08  True
```

Python 中的布尔值可以进行数值运算。例如，“True + 1”的结果为 2，“False + 1”的结果为 1，但是不建议对布尔值进行数值运算。

【例 2.34】

```
01  >>> True+1
02  2
03  >>> False+1
04  1
```

在 Python 中，所有的对象都可以进行真值测试。其中，只有下列几种情况得到的值为假，其他对象在 if 或者 while 语句中都表现为真。

(1) False 或 None。

(2) 数值中的零，包括 0、0.0、虚数 0。

(3) 空序列，包括字符串、空元组、空列表、空字典。

(4) 自定义对象的实例，对象的 _ _bool_ _ 方法返回 False 或者 _ _len_ _ 方法返回 0。

➤ 2. 字面量

字面量又称字面常量。在计算机科学中，字面量是用于表达代码中一个固定值的表示方法。几乎所有的计算机编程语言都具有对基本字面量的表示，Python 也不例外，最常见的字面量就是字符串。通俗来讲，字面量就是字符本身表面上的定义。例如，10 就是数字 10、20 就是数字 20。

【例 2.35】

```
01  >>> 10
02  10
03  >>> 20
04  20
```

3. 常量

常量就是程序运行过程中值不能改变的量，如现实生活中的居民身份证号码、数学运算中的 π 值等，这些都是不会发生改变的，都可以定义为常量。Python 没有内置的常量类型，但 Python 程序员会使用全大写来指出应将某个变量视为常量，其值应始终不变。但是，在实际项目中，常量首次赋值后，还是可以被其他代码修改的。

2.4.4 数据类型转换

Python 虽然不需要像 Java 或者 C 语言一样，在使用变量前必须先声明变量的类型，但有时仍然需要用到类型转换。

【例 2.36】

```
01  >>> x=12.0
02  >>> y=int(x)
03  >>> print(y)
04  12
```

常见的数据类型转换函数，如表 2.3 所示。

表 2.3 常见的数据类型转换函数

函数	作用
int(x)	将 x 转换成整数类型
float(x)	将 x 转换成浮点数类型
complex(real[,imag])	创建一个复数
str(x)	将 x 转换为字符串
repr(x)	将 x 转换为表达式字符串
eval(str)	计算在字符串中的有效 Python 表达式，并返回一个对象
chr(x)	将整数 x 转换为一个字符
ord(x)	将一个字符 x 转换为它对应的整数值
hex(x)	将一个整数 x 转换为一个十六进制的字符串
oct(x)	将一个整数 x 转换为一个八进制的字符串

2.5 续行符

在 Python 程序中，续行符主要是用来将单行代码分割为多行表达，用“\”来表示。续行符后无空格且须直接换行，对代码长度无要求。

```
print (" {}是{}的一家图书公司" , format(\
        " 天明" , \
        " 中国"  \
))
```

第三章 运算符与条件表达式

✦ 3.1 运算符

Python 数据是通过使用运算符来进行操作的，与数学运算符类似，主要用于数学计算、比较大小和逻辑运算等。Python 中的运算符主要包括算术运算符、赋值运算符、比较运算符、逻辑运算符和位运算符等。

❖ 3.1.1 算术运算符

算术运算符用在数学表达式中，作用和在数学中的作用是一样的。Python 中常用的算术运算符，如表 3.1 所示。

表 3.1 Python 中常用的算术运算符

运算符	说明	示例
+	加法：运算符两侧的值相加	a+b
-	减法：左侧操作数减去右侧操作数	a-b
*	乘法：运算符两侧的值相乘	a*b
/	除法：左侧操作数除以右侧操作数	a/b
%	求余：左侧操作数除以右侧操作数的余数	a%b
**	幂：返回 a 的 b 次幂	a**b
//	取整除：返回商的整数部分	a//b

【例 3.1】

```
01  >>> a=4
02  >>> b=6
03  >>> c=5
04  >>> d=18
05  >>> a+b
06  10
07  >>> a+b+d
08  28
09  >>> d-c
10  13
```

```
11  >>> a-b-d
12  -20
13  >>> a*c*d
14  360
15  >>> d/a
16  4.5
17  >>> d/b/c
18  0.6
19  >>> d%c
20  3
21  >>> c**a
22  625
23  >>> d//a
24  4
```

注意

(1) 在算术运算符中使用“%”运算符求余，如果除数（第二个操作数）是负数，那么取得的结果也是一个负值。

(2) 在算术运算符中使用“/”“//”“%”运算符进行运算时，除数不能为 0，否则将会出现异常。

❖ 3.1.2 赋值运算符

赋值运算符主要用来为变量等赋值。最常用的赋值运算符是“=”（等于号），表示把右边的结果值赋值给左边的变量。

Python 中常用的赋值运算符，如表 3.2 所示。

表 3.2 Python 中常用的赋值运算符

运算符	说明	示例	展开形式
=	右边值赋值给左边	a=b	a=b
+=	右边值加到左边	a+=b	a=a+b
−=	右边值减到左边	a−=b	a=a−b
*=	左边值乘以右边	a*=b	a=a*b
/=	左边值除以右边	a/=b	a=a/b
%=	左边值对右边进行求余运算	a%=b	a=a%b
**=	左边值对右边进行幂运算	a**=b	a=a**b
//=	左边值整除右边	a//=b	a=a//b

【例 3.2】

```
01  >>> a=10
02  >>> a
```

```
03  10
04  >>> a+=10
05  >>> a
06  20
07  >>> a-=10
08  >>> a
09  10
10  >>> a*=10
11  >>> a
12  100
13  >>> a/=10
14  >>> a
15  10.0
16  >>> a%=10
17  >>> a
18  0.0
19  >>> a=10
20  >>> a**=2
21  >>> a
22  100
23  >>> a//=9
24  >>> a
25  11
```

❖ 3.1.3 比较运算符

比较运算符，也称为关系运算符，是指对符号两边的变量进行比较的运算符，包括比较大小、相等、真假等。如果比较结果是正确的，则返回 True（真），否则返回 False（假）。比较运算符通常用在条件语句中作为判断的依据。

Python 中常用的比较运算符，如表 3.3 所示。

表 3.3 Python 中常用的比较运算符

运算符	说明	示例
==	等于：比较对象是否相等	a==b
!=	不等于：比较两个对象是否不相等	a!=b
>	大于：返回 a 是否大于 b	a>b
<	小于：返回 a 是否小于 b	a<b
>=	大于等于：返回 a 是否大于等于 b	a>=b
<=	小于等于：返回 a 是否小于等于 b	a<=b

【例 3.3】

```
01  >>> a=66
02  >>> a==66
03  True
04  >>> a!=6
05  True
06  >>> a>100
07  False
08  >>> a<50
09  False
10  >>> a>=60
11  True
12  >>> a<=66
13  True
```

❖ 3.1.4 逻辑运算符

逻辑运算符是对真和假两种布尔值进行运算，运算后的结果仍是一个布尔值。Python 中的逻辑运算符主要包括 and（逻辑与）、or（逻辑或）、not（逻辑非），如表 3.4 所示。

表 3.4 Python 中常用的逻辑运算符

运算符	说明	示例
and	逻辑与，当且仅当两个操作数都为真时，条件才为真	a and b
or	逻辑或，两个操作数中任何一个为真，条件则为真	a or b
not	逻辑非，用来反转操作数的逻辑状态。如果条件为 True，则逻辑非运算符将得到 False	not a

【例 3.4】

```
01  >>> True and True
02  True
03  >>> True or True
04  True
05  >>> not True
06  False
07  >>> True and False
08  False
09  >>> True or False
10  True
11  >>> False and False
12  False
13  >>> False or False
14  False
```

```
15 >>> not False
16 True
```

❖ 3.1.5 位运算符

位运算符用于对二进制数进行计算，因而只有先将要执行运算的数据转换为二进制数后，才能进行运算。Python 中常用的位运算符有按位与（&）、按位或（|）、按位异或（^）、按位取反（~）、左移位（<<）和右移位（>>），如表 3.5 所示。

表 3.5 Python 中常用的位运算符

运算符	说明	示例
&	按位与，如果相对应位都是 1，则结果为 1，否则为 0	a&b
|	按位或，如果相对应位都是 0，则结果为 0，否则为 1	a|b
^	按位异或，如果相对应位值相同，则结果为 0，否则为 1	a^b
~	按位取反，运算符反转操作数里的每一位，即 0 变成 1，1 变成 0	~a
<<	按位左移运算符，左侧操作数按位左移右侧操作数指定的位数	a<<b
>>	按位右移运算符，左侧操作数按位右移右侧操作数指定的位数	a>>b

❖ 3.1.6 关键字 in 和 is

Python 中有两个关键字 in 和 is。in 关键字用于判断某个元素是否包含在指定的序列中（后面章节中将会对序列详细地进行展开介绍）；is 关键字用于判断两个标识符是不是引用于同一个对象。

【例 3.5】

```
01 >>> 4 in (1,3,5,7,9,11)
02 False
03 >>> 6 not in (1,3,5,7,9)
04 True
05 >>> a=9
06 >>> b=9
07 >>> a is b
08 True
09 >>> b=10
10 >>> a is b
11 False
```

注意

is 与 == 的区别：is 用于判断两个变量引用对象是否为同一个，== 用于判断引用变量的值是否相等。

❖ 3.1.7 运算符的优先级

运算符的优先级是指在运算中哪一个运算符先执行，哪一个后执行，与数学中的四则运算遵循的“先乘除，后加减”是一样的。

Python 中运算符的运算规则是：优先级高的运算先执行，优先级低的运算后执行，同一优先级的操作按照从左到右的顺序进行。也可以像四则运算那样使用小括号，括号内的运算最先执行。

Python 中运算符的优先级，如表 3.6 所示。

表 3.6 Python 中运算符的优先级

<table>
<tr><th>运算符</th><th>说明</th><th>优先级</th></tr>
<tr><td>**</td><td>幂</td><td rowspan="13">高
↑
低</td></tr>
<tr><td>~、+、-</td><td>取反、正号和负号</td></tr>
<tr><td>*、/、%、//</td><td>乘、除、求余和取整除</td></tr>
<tr><td>+、-</td><td>加法、减法</td></tr>
<tr><td><<、>></td><td>位运算符中的左移位、右移位</td></tr>
<tr><td>&</td><td>位运算符中的按位与</td></tr>
<tr><td>^</td><td>位运算符中的按位异或</td></tr>
<tr><td>|</td><td>位运算符中的按位或</td></tr>
<tr><td><、<=、>、>=、!=、==</td><td>比较运算符</td></tr>
<tr><td>=、%=、/=、//=、-=、+=、*=*、*=</td><td>赋值运算符</td></tr>
<tr><td>is</td><td>is 关键字</td></tr>
<tr><td>in</td><td>in 关键字</td></tr>
<tr><td>and、or、not</td><td>逻辑运算符</td></tr>
</table>

✦ 3.2 条件表达式

使用运算符将不同类型的数据按照一定的规则连接起来的式子，称为表达式。表达式是 Python 最重要、最基础的组成元素。在 Python 中，绝大部分代码都是表达式。例如，变量就是一个表达式，表达式 number=666，表示的是将 666 赋值给变量 number。

对于变量值相同的情况，Python 支持连续赋值，虽然只有一行，但依旧是由两个表达式组成。

```
name=language='Python'
```

表达式的赋值顺序是从右到左，为了增强代码的可读性，一般一个表达式占据一行。

在进行程序开发时，经常会根据表达式的结果有条件地进行赋值。例如，要返回两个数中较大的数，可以使用下面的 if 语句。

```
01  >>> a=8
02  >>> b=6
```

```
03  >>> if a>b:
04          r=a
05  else:
06          r=b
07
08  >>> print(r)
09  8
```

上面的代码可以使用条件表达式进行简化。

```
01  >>> a=8
02  >>> b=6
03  >>> r=a if a>b else b
04  >>> print(r)
05  8
```

使用条件表达式时，先计算中间的条件（a>b），如果结果为 True（真），返回 if 语句左边的值，否则返回 else 右边的值。

第四章 列表和元组

✦ 4.1 序列简介

序列是 Python 中最基本的数据结构，它是一块用于存放多个值的连续内存空间，并且按一定顺序排列，每一个值（称为元素）都分配一个数字，称为索引或位置，通过该索引可以获取相应的值。

Python 内置了五个常用的序列结构，分别是列表、元组、集合、字典和字符串。Python 中的大部分序列结构都可以进行通用操作，包括索引、切片、序列相加、乘法、检查某个元素是否是序列的成员、长度、最小值、最大值及元素和等。在第二章中已经介绍过了字符串的常用操作，接下来将对通用序列操作以及列表和元组展开详细讲解。在第五章中将对字典和集合进行讲解。

✦ 4.2 通用序列操作

❖ 4.2.1 索引

序列中的每一个元素都有一个编号，也称为索引。Python 中的索引是从 0 开始递增的，即索引值为 0 表示第一个元素，索引值为 1 表示第 2 个元素，依次类推。通过索引可以对序列中的元素进行访问。

【例 4.1】

```
01  # 列表
02  x1=[2,4,6,8,10,12,14]
03  print(" 列表 ")
04  print(x1[0])
05  print(x1[1])
06  print("----------------")
07  # 元组
08  x2=(1,3,5,7,9,11,13)
09  print(" 元组 ")
10  print(x2[0])
11  print(x2[1])
12  print("----------------")
13  # 字符串
14  x3="123456789"
15  print(" 字符串 ")
```

```
16  print(x3[0])
17  print(x3[1])
```

执行上述程序，其输出结果显示如下。

```
列表
2
4
----------------
元组
1
3
----------------
字符串
1
2
```

从例 4.1 的执行结果中可以发现，序列中的元素是从 0 开始从左往右编号的，元素通过编号进行访问。索引使用的语法都是一样的，变量后面加中括号，在括号中输入所需元素的编号。

在 Python 中，索引非常灵活，还可以是负数。当索引从右向左编号，也就是从最后一个元素开始计数时，最后一个元素的索引值为 -1，倒数第二个元素的索引值为 -2，依次类推。

【例 4.2】

```
01  # 列表
02  x1=[2,4,6,8,10,12,14]
03  print(" 列表 ")
04  print(x1[-1])
05  print(x1[-2])
06  print("----------------")
07  # 元组
08  x2=(1,3,5,7,9,11,13)
09  print(" 元组 ")
10  print(x2[-1])
11  print(x2[-2])
12  print("----------------")
13  # 字符串
14  x3="123456789"
15  print(" 字符串 ")
16  print(x3[-1])
17  print(x3[-2])
```

执行上述程序，其输出结果显示如下。

```
列表
14
12
----------------
元组
13
11
----------------
字符串
9
8
```

从例 4.2 的执行结果中可以发现，Python 也可以从右边往左边编号，只要在前面加个“–”（负号）即可。

❖ 4.2.2 切片

切片操作可以访问一定范围内的元素。通过切片操作可以生成一个新的序列。

实现切片操作的语法格式如下。

```
sname[start:end:step]
```

参数说明如下。

sname 表示序列的名称。

start 表示切片的起始位置，包括该位置，如果不指定，则默认为 0。

end 表示切片的结束位置，不包括该位置，如果不指定，则默认为序列的长度。

step 表示切片的步长，如果省略，则默认为 1。当省略该步长时，最后一个冒号也可以省略。

【例 4.3】

```
01  # 列表
02  x1=[2,4,6,8,10,12,14]
03  print(" 列表 ")
04  print(x1[:5])
05  print(x1[5:])
06  print("----------------")
07  # 元组
08  x2=(1,3,5,7,9,11,13)
09  print(" 元组 ")
10  print(x2[:5])
11  print(x2[5:])
12  print("----------------")
13  # 字符串
14  x3="123456789"
```

```
15  print(" 字符串 ")
16  print(x3[:5])
17  print(x3[5:])
```

执行上述程序，其输出结果显示如下。

```
列表
[2, 4, 6, 8, 10]
[12, 14]
----------------
元组
(1, 3, 5, 7, 9)
(11, 13)
----------------
字符串
12345
6789
```

从例 4.3 的执行结果中可以发现，切片的起始位置若省略则默认为 0；结束位置若省略则默认为序列的长度。

【例 4.4】

```
01  # 列表
02  x1=[2,4,6,8,10,12,14]
03  print(" 列表 ")
04  print(x1[0:4])
05  print(x1[2:6])
06  print("----------------")
07  # 元组
08  x2=(1,3,5,7,9,11,13)
09  print(" 元组 ")
10  print(x2[0:4])
11  print(x2[2:6])
12  print("----------------")
13  # 字符串
14  x3="123456789"
15  print(" 字符串 ")
16  print(x3[0:4])
17  print(x3[2:6])
```

执行上述程序，其输出结果显示如下。

```
列表
[2, 4, 6, 8]
[6, 8, 10, 12]
```

```
----------------
元组
(1, 3, 5, 7)
(5, 7, 9, 11)
----------------
字符串
1234
3456
```

从例 4.4 的执行结果中可以发现，切片的起始位置包含在切片内，结束位置不包含在切片内。

同样地，切片也支持按照从右往左的顺序访问序列中的元素。

【例 4.5】

```
01  # 列表
02  x1=[2,4,6,8,10,12,14]
03  print("列表")
04  print(x1[-5:5])
05  print("----------------")
06  # 元组
07  x2=(1,3,5,7,9,11,13)
08  print("元组")
09  print(x2[-6:6])
10  print("----------------")
11  # 字符串
12  x3="123456789"
13  print("字符串")
14  print(x3[-6:6])
```

执行上述程序，其输出结果显示如下。

```
列表
[6, 8, 10]
----------------
元组
(3, 5, 7, 9, 11)
----------------
字符串
456
```

如果想要复制整个序列，可以将 start 和 end 参数都省略，但是中间的冒号需要保留。

【例 4.6】

```
01  # 列表
```

```
02  x1=[2,4,6,8,10,12,14]
03  print("列表")
04  print(x1[:])
05  print("----------------")
06  # 元组
07  x2=(1,3,5,7,9,11,13)
08  print("元组")
09  print(x2[:])
10  print("----------------")
11  # 字符串
12  x3="123456789"
13  print("字符串")
14  print(x3[:])
```

执行上述程序，其输出结果显示如下。

```
列表
[2, 4, 6, 8, 10, 12, 14]
----------------
元组
(1, 3, 5, 7, 9, 11, 13)
----------------
字符串
123456789
```

在进行切片操作时，可以根据需求设置起始位置和结束位置来获取任意的连续序列，也可以根据需求设置步长来获取非连续的序列。

【例 4.7】

```
01  # 列表
02  x1=[2,4,6,8,10,12,14]
03  print("列表")
04  print(x1[1:5:2])
05  print(x1[1:5:3])
06  print("----------------")
07  # 元组
08  x2=(1,3,5,7,9,11,13)
09  print("元组")
10  print(x2[1:5:2])
11  print(x2[1:5:3])
12  print("----------------")
13  # 字符串
14  x3="123456789"
```

```
15  print("字符串")
16  print(x3[1:5:2])
17  print(x3[1:5:3])
```

执行上述程序，其输出结果显示如下。

```
列表
[4, 8]
[4, 10]
----------------
元组
(3, 7)
(3, 9)
----------------
字符串
24
25
```

需要注意的是，步长参数不支持0，否则会产生“ValueError: slice step cannot be zero”的错误信息，但Python支持负数作为步长。

【例 4.8】

```
01  # 列表
02  x1=[2,4,6,8,10,12,14]
03  print("列表")
04  print(x1[5::-1])
05  print(x1[5::-2])
06  print("----------------")
07  # 元组
08  x2=(1,3,5,7,9,11,13)
09  print("元组")
10  print(x2[5::-1])
11  print(x2[5::-2])
12  print("----------------")
13  # 字符串
14  x3="123456789"
15  print("字符串")
16  print(x3[5::-1])
17  print(x3[5::-2])
```

执行上述程序，其输出结果显示如下。

```
列表
[12, 10, 8, 6, 4, 2]
```

```
[12, 8, 4]
----------------
元组
(11, 9, 7, 5, 3, 1)
(11, 7, 3)
----------------
字符串
654321
642
```

从例 4.8 的执行结果中可以发现，当负数作为步长时，Python 会从序列的尾部开始向左获取元素，直到第一个元素为止。正数的步长则是从序列的头部开始从左往右获取元素，负数则正好相反。因此，正数的步长开始点必须小于结束点，而负数的步长开始点则必须大于结束点。

❖ 4.2.3 序列相加

在 Python 中，使用“+”（加号）可以实现两种相同类型的序列相加操作，即将两个序列进行连接，但不去除重复的元素。

【例 4.9】

```
01  # 列表
02  x1=[2,4,6,8,10]+[12,14,16,18,20]
03  print(" 列表 ")
04  print(x1)
05  print("----------------")
06  # 元组
07  x2=(1,3,5,7,9)+(11,13,15,17,19)
08  print(" 元组 ")
09  print(x2)
10  print("----------------")
11  # 字符串
12  x3="1234"+"56789"
13  print(" 字符串 ")
14  print(x3)
```

执行上述程序，其输出结果显示如下。

```
列表
[2, 4, 6, 8, 10, 12, 14, 16, 18, 20]
----------------
元组
(1, 3, 5, 7, 9, 11, 13, 15, 17, 19)
----------------
```

```
字符串
123456789
```

从例 4.9 的执行结果中可以发现，序列和序列之间通过“+”（加号）连接，连接后的结果还是相同类型的序列，即列表和列表连接的结果仍是列表，元组和元组连接的结果仍是元组，字符串和字符串连接的结果仍是字符串。需要注意的是，不同类型的序列是不能相连接的。

例如，下面的代码如果执行的话会将收到“TypeError: can only concatenate list (not "tuple") to list”的错误提示。

```
01  # 错误示例
02  x=[2,4,6,8,10]+(1,3,5,7,9)
03  print(x)
```

❖ 4.2.4 乘法

在 Python 中，序列不仅可以使用“+”（加号）做加法，还可以使用“*”（星号）做乘法。在 Python 中，使用数字 n 乘以一个序列会产生新的序列，新序列的内容为原来序列被重复 n 次的结果。

【例 4.10】

```
01  fruit =["apple","pear","banana","lemon"]*3
02  print(fruit)
03  print("----------------")
04  vegetable=("tomato","bean","cucumber","carrot")
05  print(vegetable*3)
```

执行上述程序，其输出结果显示如下。

```
\['apple', 'pear', 'banana', 'lemon', 'apple', 'pear', 'banana', 'lemon', 'apple', 'pear', 'banana', 'lemon']
----------------
('tomato', 'bean', 'cucumber', 'carrot', 'tomato', 'bean', 'cucumber', 'carrot', 'tomato', 'bean', 'cucumber', 'carrot')
```

❖ 4.2.5 检查某个元素是否是序列的成员

在 Python 中，可以使用“in”来检查某个元素是否是序列的成员，即检查某个元素是否包含在该序列中，如果包含就会返回 True（真），如果不包含则会返回 False（假）。另外，在 Python 中，也可以使用“not in”来检查某个元素是否不包含在指定的序列中，如果不包含就会返回 True（真），如果包含则会返回 False（假）。

【例 4.11】

```
01  color=["white","red","blue","yellow","pink"]
02  print("red" in color)
```

```
03  print("gray" in color)
04  print("----------------")
05  color=["white","red","blue","yellow","pink"]
06  print("red" not in color)
07  print("gray" not in color)
```

执行上述程序，其输出结果显示如下。

```
True
False
----------------
False
True
```

❖ 4.2.6 计算序列的长度、最小值、最大值及元素和

在 Python 中，提供了内置函数计算序列的长度、最小值、最大值及元素和。

(1) 使用 len() 函数计算序列的长度，即返回序列包含多少个元素。

【例 4.12】

```
01  x1=[3,6,9,12,15,18,21,24,27,30]
02  print("列表的长度为" ,len(x1))
03  print("----------------")
04  x2=(5,10,15,20,25,30,35,40,45,50)
05  print("元组的长度为" ,len(x2))
06  print("----------------")
07  x3="123456789"
08  print("字符串的长度为" ,len(x3))
```

执行上述程序，其输出结果显示如下。

```
列表的长度为 10
----------------
元组的长度为 10
----------------
字符串的长度为 9
```

(2) 使用 min() 函数返回序列中的最小元素。

【例 4.13】

```
01  x1=[3,6,9,12,15,18,21,24,27,30]
02  print("列表的最小值为" ,min(x1))
03  print("----------------")
04  x2=(5,10,15,20,25,30,35,40,45,50)
05  print("元组的最小值为" ,min(x2))
```

```
06  print("----------------")
07  x3="123456789"
08  print("字符串的最小值为" ,min(x3))
```

执行上述程序，其输出结果显示如下。

```
列表的最小值为 3
----------------
元组的最小值为 5
----------------
字符串的最小值为 1
```

(3) 使用 max() 函数返回序列中的最大元素。

【例 4.14】

```
01  x1=[3,6,9,12,15,18,21,24,27,30]
02  print("列表的最大值为" ,max(x1))
03  print("----------------")
04  x2=(5,10,15,20,25,30,35,40,45,50)
05  print("元组的最大值为" ,max(x2))
06  print("----------------")
07  x3="123456789"
08  print("字符串的最大值为" ,max(x3))
```

执行上述程序，其输出结果显示如下。

```
列表的最大值为 30
----------------
元组的最大值为 50
----------------
字符串的最大值为 9
```

(4) 使用 sum() 函数返回序列中的元素和。

【例 4.15】

```
01  x1=[3,6,9,12,15,18,21,24,27,30]
02  print("列表的元素和为" ,sum(x1))
03  print("----------------")
04  x2=(5,10,15,20,25,30,35,40,45,50)
05  print("元组的元素和为" ,sum(x2))
06  print("----------------")
07  x3="123456789"
08  print("字符串的元素和为" ,sum(x3))
```

执行上述程序，其输出结果显示如下。

```
列表的元素和为 165
-----------------
元组的元素和为 275
-----------------
Traceback (most recent call last):
  File "C:\Users\Administrator\Desktop\python-learn\sy.py", line 8, in <module>
    print(" 字符串的元素和为 " ,sum(x3))
TypeError: unsupported operand type(s) for +: 'int' and 'str'
```

从例 4.15 的执行结果中可以发现，sum() 函数求和的要求是序列的元素必须都是 int 型，由于字符串序列的元素都是字符串，所以 sum() 函数无法对字符串序列求和。

另外，Python 还提供了其他内置函数对序列进行操作，在 Python 解释器中输入“dir(_builtins_)”，就可以看到内置的函数列表，它不需要用户编写，可以直接调用。具体内置函数的介绍可以在 Python 官网提供的详细的官方文档中查看到。还可以使用 help() 函数中指定待查的内置函数名称，来了解对应内置函数的介绍。如表 4.1 所示。

表 4.1 Python 提供的其他内置函数

函数	描述
list()	将序列转为列表
str()	将序列转为字符串
sorted()	对元素进行排序
reversed()	反向序列中的元素
enumerate()	将序列组合为一个索引序列，多用在 for 循环中

✦ 4.3 列表

❖ 4.3.1 定义列表

列表是由一系列按特定顺序排列的元素组成的。在 Python 中，列表是内置的可变序列，用中括号“[]”表示，并用逗号“，”分隔其中的元素。列表元素可以是整数、实数、字符串、列表、元组等任何类型的内容，且在同一个列表中，元素的类型可以不同，因为它们之间没有任何关系。

➤ 1. 创建列表

创建列表时，可使用赋值运算符“=”直接将一个列表赋值给变量，如下正确列表所示：

```
01  number=[1,2,3,4,5,6,7,8,9]
02  title=[" 我爱学习 Python，学习 Python 使我快乐 "]
03  animals=["bear","lion","wolf","snake","fox","dog"]
04  emptylist=[]
05  list(range(1,10,2))
```

其中，第四行的代码表示一个空列表，第五行的代码表示一个数值列表。

➤ 2. 删除列表

对于已经创建好的列表，若不再使用，可以使用 del 语句将其删除。

例如，下面的代码可以删除名称为“color”的列表。

```
01  color=["white","red","blue","yellow","pink"]
02  del color
```

☞ 提示

在删除列表前，一定要保证输入的列表名称是已经存在的，否则将会出现异常。

❖ 4.3.2 列表排序

(1) 使用列表对象的 sort() 方法对列表进行排序。

列表对象提供了 sort() 方法用于对原列表中的元素进行排序。排序后原列表中的元素顺序将发生改变。

【例 4.16】

```
01  x=[1,25,68,7,16,452,89,563]
02  print("原列表:",x)
03  x.sort()                              # 进行升序排列
04  print("升  序:",x)
05  x.sort(reverse=True)                  # 进行降序排列
06  print("降  序:",x)
07  print("原列表:",x)
```

执行上述程序，其输出结果显示如下。

```
原列表: [1, 25, 68, 7, 16, 452, 89, 563]
升  序: [1, 7, 16, 25, 68, 89, 452, 563]
降  序: [563, 452, 89, 68, 25, 16, 7, 1]
原列表: [563, 452, 89, 68, 25, 16, 7, 1]
```

从例 4.16 执行结果中可以发现，sort() 方法对原列表中的元素进行升序排序，若向 sort() 方法传递参数 reverse=True，可对原列表中的元素进行降序排序。

(2) 使用内置的 sorted() 函数对列表进行排序。

在 Python 中，提供了一个内置的 sorted() 函数，用于对列表进行排序。使用该函数进行排序后，原列表的元素顺序不变。

【例 4.17】

```
01  x=[1,25,68,7,16,452,89,563]
02  print("原列表:",x)
03  print("升  序:",sorted(x))
04  print("降  序:",sorted(x,reverse=True))
05  print("原列表:",x)
```

执行上述程序，其输出结果显示如下。

```
原列表： [1, 25, 68, 7, 16, 452, 89, 563]
升  序： [1, 7, 16, 25, 68, 89, 452, 563]
降  序： [563, 452, 89, 68, 25, 16, 7, 1]
原列表： [1, 25, 68, 7, 16, 452, 89, 563]
```

从例 4.17 的执行结果中可以发现，调用 sorted() 函数后，原列表元素的排列顺序没有发生变化。

❖ 4.3.3 列表的索引和切片

➤ 索引

作为列表的基本操作之一的索引，是用来获得列表中的一个元素。它沿用序列类型的索引方式，即正向递增序号或反向递减序号，索引操作符为“[]”，索引序号不能超过列表的元素范围，否则会产生 IndexError 错误。如想获取用户输入的年份的第 4 位：

```
01  >>> fourth=input('Year: ')[3]
02  Year: 2005
03  >>> fourth
04   ‘5’
```

对列表类型的元素要进行遍历操作时可以使用遍历循环。可使用 for 循环和 enumerate ( ) 函数实现遍历列表。

```
01  magicians=["alice","david","carolina"]
02  for index, magician in enumerate(magicians):
03  print(index, magician)
```

其输出结果：

```
0  alice
1  david
2  carolina
```

从例 4.17 的执行结果中可以发现，for 循环和 enumerate() 函数遍历了该列表，并输出了索引和魔术师名单中的所有名字，其中 index() 方法可以获取指定元素在列表中首次出现的索引。

➤ 切片

切片适用于提取序列的一部分，使用两个索引并用冒号分隔，它们的编号非常重要：第一个索引是包含的第一个元素的编号，但第二个索引是切片后余下的第一个元素的编号。如下所示：

```
01  >>> numbers=[1,2,3,4,5,6,7,8,9,10]
02  >>> numbers[3:6][4,5,6]
03  >>> numbers[0:1][1]
```

即第一个索引指定的元素包含在切片内，但第二个索引指定的元素不包含在切片内。

❖ 4.3.4 访问、修改、添加和删除列表元素

➤ 1. 访问列表元素

若要访问列表中的任意元素，只需将该元素的位置（索引）告诉 Python 即可。要访问列表元素，可指出列表的名称，再指出元素的索引，并将后者放在中括号内。

例如，下面的代码可从列表“color”中提取元素“yellow”。

```
01  color=["white","red","blue","yellow","pink"]
02  print(color[3])
```

Python 只返回该元素，而不包括中括号。

```
yellow
```

➤ 2. 修改列表元素

修改列表中的元素只需要通过索引获取该元素，然后再为其重新赋值即可。

【例 4.18】

```
01  x1=[4,8,12,14,20,24,28]
02  print(x1[3])
03  x1[3]=16
04  print(x1)
```

执行上述程序，其输出结果显示如下。

```
14
[4, 8, 12, 16, 20, 24, 28]
```

从例 4.18 的执行结果中可以发现，列表中的第四个元素由原先的“14”修改为“16”，而其他列表元素的值并没有改变。

➤ 3. 添加列表元素

列表不能通过索引来添加元素，但 Python 提供了其他方式在既有列表中添加新元素。

(1) 采用 append() 和 extend() 两种方法在列表末尾添加新元素。

【例 4.19】

```
01  animals=["bear","lion","wolf","snake","fox","dog"]
02  animals.append("horse")
03  print(animals)
```

执行上述程序，其输出结果显示如下。

```
['bear', 'lion', 'wolf', 'snake', 'fox', 'dog', 'horse']
```

从例 4.19 的执行结果中可以发现，append() 方法直接在原来的列表上新增了一个元素。需要注意的是，append() 方法每次只能新增一个元素，如果想新增多个元素可以使用 extend() 方法。

【例 4.20】

```
01  animals1=["bear","lion","wolf","snake","fox","dog"]
02  animals1.append(["horse","pig","sheep","cat"])
03  print("append")
04  print(animals1)
05  print("-------------------------")
06  animals2=["bear","lion","wolf","snake","fox","dog"]
07  animals2.extend(["horse","pig","sheep","cat"])
08  print("extend")
09  print(animals2)
```

执行上述程序，其输出结果显示如下。

```
append
['bear', 'lion', 'wolf', 'snake', 'fox', 'dog', ['horse', 'pig', 'sheep', 'cat']]
-------------------------
extend
['bear', 'lion', 'wolf', 'snake', 'fox', 'dog', 'horse', 'pig', 'sheep', 'cat']
```

从例 4.20 的执行结果中可以发现，append() 和 extend() 两种方法的不同效果，append() 方法后面无论是单个元素还是一个列表，都会把它当成一个新元素添加在原来的列表的后面，而 extend() 方法则会展开，把新列表拆开后添加在原来的列表后面。

(2) 采用 insert() 方法在列表中任意位置添加新元素。

【例 4.21】

```
01  animals=["bear","lion","wolf","snake","fox","dog"]
02  animals.insert(3,"cat")
03  print(animals)
```

执行上述程序，其输出结果显示如下。

```
['bear', 'lion', 'wolf', 'cat', 'snake', 'fox', 'dog']
```

从例 4.21 的执行结果中可以发现，insert() 方法需要传递两个参数，第一个参数表示要插入的新元素的位置，第二个参数表示要插入的新元素。insert() 方法和 append() 方法一样，一次只能新增一个元素。

4. 删除列表元素

(1) 使用 del 语句删除列表元素。

【例 4.22】

```
01  animals=["bear","lion","wolf","snake","fox","dog"]
02  del animals[4]
```

```
03  print(animals)
```

执行上述程序，其输出结果显示如下。

```
['bear', 'lion', 'wolf', 'snake', 'dog']
```

从例 4.22 的执行结果中可以发现，del 语句删除了列表中的指定位置元素，元素数量从六个变成了五个。

(2) 使用 pop() 方法删除列表元素。

【例 4.23】

```
01  animals1=["bear","lion","wolf","snake","fox","dog"]
02  print("pop()")
03  r1=animals1.pop()
04  print("result",r1)
05  print("list",animals1)
06  print("----------------------")
07  animals2=["bear","lion","wolf","snake","fox","dog"]
08  print("pop(3)")
09  r2=animals2.pop(3)
10  print("result",r2)
11  print("list",animals2)
```

执行上述程序，其输出结果显示如下。

```
pop()
result dog
list ['bear', 'lion', 'wolf', 'snake', 'fox']
----------------------
pop(3)
result snake
list ['bear', 'lion', 'wolf', 'fox', 'dog']
```

从例 4.23 的执行结果中可以发现，pop() 方法可以删除指定位置的元素，并且把这个元素作为返回值返回，如果不指定位置则默认选择删除最后一个元素。

(3) 根据元素值删除列表元素。

如果想要删除一个不确定其位置的元素，可以根据元素值进行删除，remove() 方法就提供了这样的功能。

【例 4.24】

```
01  animals=["bear","lion","wolf","snake","fox","dog"]
02  print(animals)
03  print("remove")
04  animals.remove("wolf")
05  print(animals)
```

执行上述程序，其输出结果显示如下。

```
['bear', 'lion', 'wolf', 'snake', 'fox', 'dog']
remove
['bear', 'lion', 'snake', 'fox', 'dog']
```

从例 4.24 的执行结果中可以发现，remove() 方法删除了查找到的元素。

需要注意的是，remove() 方法只会删除第一个和指定值相同的元素，而且必须保证该元素是存在的，否则会产生错误。如果有多个重复值，可利用循环进行删除。

❖ 4.3.5 列表推导式

使用列表推导式可以快速生成一个列表，或者根据某个列表生成满足指定需求的列表。

【例 4.25】

```
01  a1=[x for x in range(10)]
02  print(a1)
03  print("---------------------")
04  a2=[10,20,30,40,50,60,70,80,90,100]
05  print([int(x*0.5) for x in a2])
06  print("---------------------")
07  a3=[x for x in range(15) if x%3==0]
08  print(a3)
```

执行上述程序，其输出结果显示如下。

```
[0, 1, 2, 3, 4, 5, 6, 7, 8, 9]
---------------------
[5, 10, 15, 20, 25, 30, 35, 40, 45, 50]
---------------------
[0, 3, 6, 9, 12]
```

❖ 4.3.6 列表的其他操作

(1) 使用 reverse() 方法反转列表元素的排列顺序。

【例 4.26】

```
01  animals=["bear","lion","wolf","snake","fox","dog"]
02  print(animals)
03  print("reverse")
04  animals.reverse()
05  print(animals)
```

执行上述程序，其输出结果显示如下。

```
['bear', 'lion', 'wolf', 'snake', 'fox', 'dog']
reverse
['dog', 'fox', 'snake', 'wolf', 'lion', 'bear']
```

注意

reverse() 方法不是按与字母顺序相反的顺序排列列表元素，而只是反转列表元素的排列顺序。

(2) 使用 count() 方法统计某个元素在列表中出现的次数。

【例 4.27】

```
01  animals=["bear","lion","wolf","bear","snake","fox","bear",
    "dog"]
02  print(animals)
03  print("count")
04  print(animals.count("bear"))
05  print(animals.count("fox"))
```

执行上述程序，其输出结果显示如下。

```
['bear', 'lion', 'wolf', 'bear', 'snake', 'fox', 'bear',
'dog']
count
3
1
```

从例 4.27 的执行结果中可以发现，“bear”在列表中出现了三次，“fox”在列表中出现了一次。

✦ 4.4 元组

❖ 4.4.1 定义元组

元组的定义如下：①元组是一种序列，与列表相似，可使用小括号 () 去界定；②元组中各元素之间用逗号隔开；③元组本身是一个不可变的数据类型，没有增删改查，如果要修改，可以采用其他的数据类型对元组重新赋值；④元组内可存储任意类型。

➤ 元组的创建

创建元组时，使用赋值运算符“=”直接将一个元组赋值给变量。当元组中只有一个元素时，则这个元素后面必须要有“，”。

【例 4.28】

```
01  x1=(2)
02  print(x1,type(x1))
03  x2=(2,)
04  print(x2,type(x2))
05  x3=("Python")
06  print(x3,type(x3))
07  x4=("Python",)
08  print(x4,type(x4))
```

执行上述程序，其输出结果显示如下。

```
2 <class 'int'>
(2,) <class 'tuple'>
Python <class 'str'>
('Python',) <class 'tuple'>
```

从例 4.28 的执行结果中可以发现，如果元组中只有一个元素，只使用“()”是不够的，还需要在最后加上“,”，才能定义一个元组。

注意

元组创建之后，不能删除单个元素，可以删除整个元组。

➤ 访问元组元素

若将元组的内容可直接使用 print ( ) 函数。如打印出元组“color”中所有的元素：

```
01  color=("white","red","blue","yellow","pink")
02  print(color)
```

执行上述程序，其输出结果显示如下。

```
('white', 'red', 'blue', 'yellow', 'pink')
```

在输出元组时，执行结果中是包括左右两侧的小括号的。但如果不想输出元组中的全部元素，可以通过元组的索引获取指定的元素。如要打印出元组“color”中索引值为 2 的元素。

```
01  color=("white","red","blue","yellow","pink")
02  print(color[2])
```

执行上述程序，其输出结果显示如下。

```
blue
```

在输出单个元组元素时，执行结果中不包括小括号。若果是字符串，还不包括左右两侧的引号。

❖ 4.4.2 元组的删除和修改

➤ 1. 删除元组

可使用 del 语句来删除不再使用的元组。

例如，下面的代码可以删除名称为“color”的元组。

```
01  color=("white","red","blue","yellow","pink")
02  del color
03  # 错误示例
04  print(color)
```

执行上面的代码，Python 解释器将会在“print(color)”处输出错误提示“NameError:name 'color' is not defined”，这个提示说明了变量“color”未定义，即成功删除了元组“color”。

2. 修改元组

元组是不可变序列，但通过对元组重新赋值可以进行修改。

```
01  # 定义元组
02  color=("white","red","blue","yellow","pink")
03  # 对元组进行重新赋值
04  color=("black","red","green","yellow","pink")
```

4.4.3 元组推导式

使用元组推导式可以快速生成一个元组，它的表现形式和列表推导式类似，只是将列表推导式中的中括号“[]”修改为小括号“()”。

【例 4.29】

```
01  a1=(x for x in range(10))
02  print(a1)
03  print("---------------------")
04  a2=(10,20,30,40,50,60,70,80,90,100)
05  print([int(x*0.5) for x in a2])
06  print("---------------------")
07  a3=(x for x in range(15) if x%3==0)
08  print(a3)
```

执行上述程序，其输出结果显示如下。

```
<generator object <genexpr> at 0x00000128D6C62890>
---------------------
[5, 10, 15, 20, 25, 30, 35, 40, 45, 50]
---------------------
<generator object <genexpr> at 0x00000128D6C62120>
```

从例 4.29 的执行结果中可以发现，使用元组推导式生成的结果并不是一个元组或者列表，而是一个生成器对象，这一点和列表推导式是不相同的。要使用该生成器对象可以将其转换为元组或者列表。其中，转换为元组使用 tuple() 函数，而转换为列表则使用 list() 函数。

【例 4.30】

```
01  a1=(x for x in range(10))
02  print(tuple(a1))
03  print("---------------------")
04  a2=(10,20,30,40,50,60,70,80,90,100)
05  a3=[int(x*0.5) for x in a2]
06  print(tuple(a3))
07  print("---------------------")
08  a4=(x for x in range(15) if x%3==0)
09  print(tuple(a4))
```

执行上述程序，其输出结果显示如下。

```
(0, 1, 2, 3, 4, 5, 6, 7, 8, 9)
----------------------
(5, 10, 15, 20, 25, 30, 35, 40, 45, 50)
----------------------
(0, 3, 6, 9, 12)
```

要使用通过元组推导器生成的生成器对象，还可以直接使用 _ _next()_ _ 方法进行遍历或者直接通过 for 循环遍历。

【例 4.31】

```
01  a=(x for x in range(5))
02  print(a.__next__())                    # 输出第一个元素
03  print(a.__next__())                    # 输出第二个元素
04  print(a.__next__())                    # 输出第三个元素
05  a=tuple(a)                              # 转换为元组
06  print(a)                                # 输出转换后的元组
```

执行上述程序，其输出结果显示如下。

```
0
1
2
(3, 4)
```

从例 4.31 的执行结果中可以发现，通过生成器推导式生成一个包含 5 个元素的生成器对象 a，然后调用 3 次 _ _next_ _() 方法输出每个元素，再将生成器对象 a 转换为元组输出。

【例 4.32】

```
01  a=(x for x in range(5))                # 生成生成器对象
02  for i in a:                             # 遍历生成器对象
03      print(i,end="")                     # 输出每个元素的值
04  print(tuple(a))                         # 转换为元组输出
```

执行上述程序，其输出结果显示如下。

```
0 1 2 3 4 ()
```

从例 4.32 的执行结果中可以发现，通过生成器推导式生成一个包括 5 个元素的生成器对象 a，然后应用 for 循环遍历该生成器对象，并输出每一个元素的值，最后再将其转换为元组输出。

注意

从例 4.31 和例 4.32 中可以发现，无论通过哪种方法遍历，如果还想再使用该生成器对象，都必须重新创建一个生成器对象，因为遍历后原生成器对象已经不存在了。

❖ 4.4.4 元组的其他操作

(1) 遍历元组

与列表一样，元组也可以使用 for 循环进行遍历。

for 循环和 enumerate() 函数相结合也可以遍历元组。

【例 4.33】

```
01  magicians=("alice","david","carolina")
02  for index,magician in enumerate(magicians):
03      print(index,magician)
```

执行上述程序，其输出结果显示如下。

```
0 alice
1 david
2 carolina
```

(2) 其他操作

	程序代码	输出结果
使 count() 统计某个元素在元组中出现的次数	01 animals=("bear", "lion", "wolf", "bear", "snake", "fox", "bear", "dog") 02 print(animals) 03 print("count") 04 print(animals.count("bear")) 05 print(animals.count("fox"))	('bear', 'lion', 'wolf', 'bear', 'snake', 'fox', 'bear', 'dog') count 3 1
用 index() 方法查找元素在元组中的首次出现的索引位置	01 animals=("bear", "lion", "wolf", "snake", "fox", "dog") 02 print("lion index is", animals.index("lion")) 03 print("dog index is", animals.index("dog"))	lion index is 1 dog index is 5

第五章 字典和集合

5.1 字典

5.1.1 定义字典

字典和列表虽然类似，但字典是无序的可变序列，且可以像查字典一样去查找。字典的元素是成对出现的，每个元素都是由冒号“：”和键值对（“：”左边的称为键或者Key，“：”右边的称为值或者Value）构成的，用“{}”标识，元素之间用逗号“，”分隔。字典的键必须是唯一且不重复的，可直接使用“{}”表示空字典。

使用dict()函数可以直接创建一个空字典，还可以使用dict对象的fromkeys()方法创建值为空的字典。

【例5.1】

```
01  message=dict()
02  print(message,type(message))
03  print("-------------------------")
04  clothes=["shirt","shorts","skirt","coat"]  # 作为键的列表
05  collocation=dict.fromkeys(clothes)
06  print(collocation,type(collocation))
```

执行上面的程序，其输出结果显示如下。

```
{} <class 'dict'>
-------------------------
{'shirt': None, 'shorts': None, 'skirt': None, 'coat': None}
<class 'dict'>
```

5.1.2 字典的使用

1. 创建字典

(1) 使用dict()函数和zip()函数可以通过已有数据快速创建字典。

【例5.2】

```
01  clothes=["shirt","shorts","skirt","coat"]     # 作为键的列表
02  color=["white","black","yellow","brown"]      # 作为值的列表
03  collocation=dict(zip(clothes,color))         # 转换为字典
04  print(collocation,type(collocation))         # 输出转换后的字典
```

执行上面的程序，其输出结果显示如下。

```
{'shirt': 'white', 'shorts': 'black', 'skirt': 'yellow',
'coat': 'brown'} <class 'dict'>
```

从例 5.2 的执行结果中可以发现，dict() 函数和 zip() 函数将前两个列表转换为对应的字典，并且输出了该字典。

(2) 通过给定的键值对创建字典。

【例 5.3】

```
01  collocation=dict(shirt="white",shorts="black",skirt="yellow",
    coat="brown")
02  print(collocation,type(collocation))
```

执行上面的程序，其输出结果显示如下。

```
{'shirt': 'white', 'shorts': 'black', 'skirt': 'yellow',
'coat': 'brown'} <class 'dict'>
```

从例 5.3 的执行结果中可以发现，通过键值对的形式创建了一个字典，并且输出了该字典。

➤ 2. 删除字典

与列表和元组一样，对于不需要的字典也可以使用 del 语句删除。

例如，通过下面的代码可以将已经定义的字典“message”删除。

```
01  message={"school":"学校","grade":"年级","class":"班级"}
02  del message
```

如果想要删除字典的全部元素，可以通过字典对象的 clear() 方法来实现。执行 clear() 方法后，原字典将变为空字典。

【例 5.4】

```
01  message={"school":"学校","grade":"年级","class":"班级"}
02  print(message)
03  message.clear()
04  print(message)
```

执行上面的程序，其输出结果显示如下。

```
{'school': '学校', 'grade': '年级', 'class': '班级'}
{}
```

另外，还可以使用字典对象的 pop() 方法删除并返回指定“键”的元素，以及使用字典对象的 popitem() 方法删除并返回字典中的一个元素。

【例 5.5】

```
01  message={"school":"学校","grade":"年级","class":"班级"}
02  print(message)
03  pop_obj1=message.pop("school") # 删除要删除的键值对
```

```
04  print(pop_obj1)
05  print(message)
06  print("---------------------------")
07  pop_obj2=message.popitem()      # 随机返回并删除字典中的一对键值对
08  print(pop_obj2)
09  print(message)
```

执行上面的程序，其输出结果显示如下。

```
{'school': '学校', 'grade': '年级', 'class': '班级'}
学校
{'grade': '年级', 'class': '班级'}
---------------------------
('class', '班级')
{'grade': '年级'}
```

3. 访问字典

在 Python 中，可以直接使用 print() 函数将字典的内容输出。

【例 5.6】

```
01  taste={"apple":"sweet","lemon":"tart","salt":"salty",
    "pepper":"spicy"}
02  print(taste)
```

执行上面的程序，其输出结果显示如下。

```
{'apple': 'sweet', 'lemon': 'tart', 'salt': 'salty',
'pepper': 'spicy'}
```

从例 5.6 的执行结果中可以发现，print() 函数直接将字典“taste”的内容输出。

在使用字典时，很少直接输出它的内容，一般需要根据指定的键得到相应的值。在 Python 中，访问字典的元素可以通过指定的键来实现。

【例 5.7】

```
01  taste={"apple":"sweet","lemon":"tart","salt":"salty",
    "pepper":"spicy"}
02  print(taste["lemon"])
```

执行上面的程序，其输出结果显示如下。

```
tart
```

如果指定的键不存在，Python 将出现异常，具体的解决方法是使用 if 语句对键不存在的情况进行处理，即给一个默认值。

【例 5.8】

```
01  taste={"apple":"sweet","lemon":"tart","salt":"salty",
```

```
    "pepper":"spicy"}
02  print(taste["pear"])
```

执行上面的程序，其输出结果显示如下。

```
Traceback (most recent call last):
   File "C:/Users/Administrator/Desktop/python-learn/zd.py",
line 2, in <module>
    print(taste["pear"])
KeyError: 'pear'
```

从例 5.8 的执行结果中可以发现，当访问不存在的键时，Python 将显示错误提示。

【例 5.9】

```
01  taste={"apple":"sweet","lemon":"tart","salt":"salty",
    "pepper":"spicy"}
02  print("pear的味道是:",taste["pear"] if 'pear' in taste
    else '字典里没有该元素')
```

执行上面的程序，其输出结果显示如下。

```
pear的味道是: 字典里没有该元素
```

从例 5.9 的执行结果中可以发现，当访问不存在的键时，将显示默认的信息。

另外，Python 中推荐的访问字典的方法是使用字典对象的 get() 方法获取指定键的值。

【例 5.10】

```
01  taste={"apple":"sweet","lemon":"tart","salt":"salty",
    "pepper":"spicy"}
02  print("apple的味道是:",taste.get("apple"))
03  print("pear的味道是:",taste.get("pear"))
04  print("pear的味道是:",taste.get("pear","未知"))
```

执行上面的程序，其输出结果显示如下。

```
apple的味道是: sweet
pear的味道是: None
pear的味道是: 未知
```

从例 5.10 的执行结果中可以发现，使用 get() 方法可以返回键对应的值，如果字典不存在对应的键则返回默认值，如果没有设置默认值则返回“None”。

4. 修改字典元素

字典和列表一样，都是一种可以修改的数据结构。要修改字典中的元素，可依次指定字典名、用中括号括起来的键以及与该键相关联的新值。

【例 5.11】

```
01  poet={"陶渊明":"东晋","李白":"唐朝","范仲淹":"北宋","文
    天祥":"南宋"}
```

```
02  print(poet)
03  poet["李白"]="诗仙"
04  print(poet)
```

执行上面的程序，其输出结果显示如下。

```
{'陶渊明': '东晋', '李白': '唐朝', '范仲淹': '北宋', '文天祥': '南宋'}
{'陶渊明': '东晋', '李白': '诗仙', '范仲淹': '北宋', '文天祥': '南宋'}
```

从例 5.11 的执行结果中可以发现，键“李白”相关联的值改为了“诗仙”。

5. 添加字典元素

由于字典是可变序列，所以可以随时在其中添加键值对。要添加键值对，可依次指定字典名、用中括号括起来的键以及与该键相关联的值。

【例 5.12】

```
01  poet={"陶渊明":"东晋","李白":"唐朝","范仲淹":"北宋","文
    天祥":"南宋"}
02  print(poet)
03  poet["王国维"]="清末"          # 添加字典元素
04  poet["马致远"]="元代"          # 添加字典元素
05  print(poet)
```

执行上面的程序，其输出结果显示如下。

```
{'陶渊明': '东晋', '李白': '唐朝', '范仲淹': '北宋', '文天祥': '南宋'}
{'陶渊明': '东晋', '李白': '唐朝', '范仲淹': '北宋', '文天祥':
'南宋', '王国维': '清末', '马致远': '元代'}
```

从例 5.12 的执行结果中可以发现，原字典中添加了新的两个键值对。

6. 删除字典元素

对于字典中某个不需要的元素，可使用 del 语句将其彻底删除。使用 del 语句时，必须指定字典名和要删除的键。

【例 5.13】

```
01  poet={"陶渊明":"东晋","李白":"唐朝","范仲淹":"北宋","文
    天祥":"南宋"}
02  print(poet)
03  del poet["李白"]
04  print(poet)
```

执行上面的程序，其输出结果显示如下。

```
{'陶渊明': '东晋', '李白': '唐朝', '范仲淹': '北宋', '文天祥': '南宋'}
{'陶渊明': '东晋', '范仲淹': '北宋', '文天祥': '南宋'}
```

从例 5.13 的执行结果中可以发现，del 语句将键“李白”及其相关联的值“唐朝”从字典“poet”中删除了。

5.1.3 字典推导式

使用字典推导式可以快速生成一个字典，它的表现形式和列表推导式类似。字典的元素是成对出现的，所以推导式定义的时候也是成对生成键值对。

【例 5.14】

```
01  x1={a:a**2 for a in range(10)}
02  print(x1)
03  print("-----------------------")
04  x2={v:k for k,v in x1.items()}
05  print(x2)
```

执行上面的程序，其输出结果显示如下。

```
{0: 0, 1: 1, 2: 4, 3: 9, 4: 16, 5: 25, 6: 36, 7: 49, 8: 64, 9: 81}
-----------------------
{0: 0, 1: 1, 4: 2, 9: 3, 16: 4, 25: 5, 36: 6, 49: 7, 64: 8, 81: 9}
```

5.1.4 字典的其他操作

（1）遍历字典

一个 Python 字典可能只包含几个键值对，也可能包含数百万个键值对。由于字典可能包含大量数据，所以 Python 支持对字典进行遍历。字典是以键值对的形式存储数据的，所以就可能需要获取这些键值对。Python 提供了遍历字典的方法，通过遍历可以获取字典中的全部键值对。

使用字典对象的 items() 方法获取字典的键值对列表。

【例 5.15】

```
01  taste={"apple":"sweet","lemon":"tart","salt":"salty",
    "pepper":"spicy"}
02  for item in taste.items():
03      print(item)
```

执行上面的程序，其输出结果显示如下。

```
('apple', 'sweet')
('lemon', 'tart')
('salt', 'salty')
('pepper', 'spicy')
```

从例 5.15 的执行结果中可以发现，通过 items() 方法可以获取键值对的元组列表，并输出全部键值对。

上面的示例得到的是元组中的各个元素，如果想要获取具体的每个键和值，可以使用下面的代码进行遍历。

【例 5.16】

```
01  taste={"apple":"sweet","lemon":"tart","salt":"salty",
```

```
    "pepper":"spicy"}
02  for key,value in taste.items():
03      print(key,"的味道是",value)
```

执行上面的程序，其输出结果显示如下。

```
apple 的味道是 sweet
lemon 的味道是 tart
salt 的味道是 salty
pepper 的味道是 spicy
```

另外，在 Python 中，字典对象还提供了 values() 方法和 keys() 方法，用于返回字典的“值”和“键”列表，它们的使用方法同 items() 方法类似，也需要通过 for 循环遍历该字典列表，获取对应的值和键。

【例 5.17】

```
01  taste={"apple":"sweet","lemon":"tart","salt":"salty",
    "pepper":"spicy"}
02  print(taste.values())
03  print("-----------------------")
04  for item in taste.values():
05      print(item)
```

执行上面的程序，其输出结果显示如下。

```
dict_values(['sweet', 'tart', 'salty', 'spicy'])
-----------------------
sweet
tart
salty
Spicy
```

从例 5.17 的执行结果中可以发现，values() 方法返回了一个值列表，不包含任何键。

【例 5.18】

```
01  taste={"apple":"sweet","lemon":"tart","salt":"salty",
    "pepper":"spicy"}
02  print(taste.keys())
03  print("-----------------------")
04  for item in taste.keys():
05      print(item)
```

执行上面的程序，其输出结果显示如下。

```
dict_keys(['apple', 'lemon', 'salt', 'pepper'])
-----------------------
apple
lemon
```

```
salt
pepper
```

从例 5.18 的执行结果中可以发现，values() 方法返回了一个键列表，不包含任何值。

(2) 使用 copy() 方法返回一个具有相同键值对的新字典。

字典和列表一样，如果只是赋值的话则只是引用之前的内容，但如果做修改就会改变原先的字典内容。copy() 方法可以完整地复制一份新的副本。

【例 5.19】

```
01  taste1={"apple":"sweet","lemon":"tart","salt":"salty",
    "pepper":"spicy"}
02  taste2=taste1
03  taste3=taste1.copy()
04  print("taste1",taste1)
05  print("taste2",taste2)
06  print("taste3",taste3)
07  print("-------------------------")
08  print("change taste2")
09  taste2["tomato"]="bland"
10  print("taste1",taste1)
11  print("taste2",taste2)
12  print("taste3",taste3)
13  print("-------------------------")
14  print("change taste3")
15  taste3["coffee"]="fragrant"
16  print("taste1",taste1)
17  print("taste2",taste2)
18  print("taste3",taste3)
```

执行上面的程序，其输出结果显示如下。

```
taste1 {'apple': 'sweet', 'lemon': 'tart', 'salt': 'salty',
'pepper': 'spicy'}
taste2 {'apple': 'sweet', 'lemon': 'tart', 'salt': 'salty',
'pepper': 'spicy'}
taste3 {'apple': 'sweet', 'lemon': 'tart', 'salt': 'salty',
'pepper': 'spicy'}
-------------------------
change taste2
taste1 {'apple': 'sweet', 'lemon': 'tart', 'salt': 'salty',
'pepper': 'spicy', 'tomato': 'bland'}
taste2 {'apple': 'sweet', 'lemon': 'tart', 'salt': 'salty',
'pepper': 'spicy', 'tomato': 'bland'}
```

```
    taste3 {'apple': 'sweet', 'lemon': 'tart', 'salt': 'salty', 'pepper': 'spicy'}
    --------------------------
    change taste3
    taste1 {'apple': 'sweet', 'lemon': 'tart', 'salt': 'salty', 'pepper': 'spicy', 'tomato': 'bland'}
    taste2 {'apple': 'sweet', 'lemon': 'tart', 'salt': 'salty', 'pepper': 'spicy', 'tomato': 'bland'}
    taste3 {'apple': 'sweet', 'lemon': 'tart', 'salt': 'salty', 'pepper': 'spicy', 'coffee': 'fragrant'}
```

从例 5.19 的执行结果中可以发现，使用 copy() 方法对获取到的字典做修改，原始的字典不受影响。使用 copy() 方法就像重新写了一个新的字典，只是元素恰巧和原来的字典相同。

(3) 使用 sorted() 函数按特定顺序遍历字典中的所有键。

从 Python 3.7 起，遍历字典时将按照插入的顺序返回其中的元素，有时可能需要按照与此不同的顺序遍历元素，这就可以使用 sorted() 函数来返回按特定顺序排列的键列表。

【例 5.20】

```
01  taste={"apple":"sweet","lemon":"tart","salt":"salty",
    "pepper":"spicy"}
02  for item in sorted(taste.keys()):
03      print(item)
```

执行上面的程序，其输出结果显示如下。

```
apple
lemon
pepper
salt
```

上面程序中的 for 语句类似于其他 for 语句，不同的是对 taste.keys() 方法的结果调用了 sorted() 函数，这让 Python 列出字典中的所有键，并在遍历前对这个列表进行排序。

✦ 5.2 集合

❖ 5.2.1 定义集合

Python 中的集合与数学中的集合概念类似，也是用于保存不重复的元素。定义集合时需要注意，如果是空集合，即不包含任何元素的集合，必须使用 set() 函数定义；如果包含元素，则可以使用大括号“{}”定义集合，也可以使用 set() 函数加上列表来定义。

【例 5.21】

```
01  empty=set()                         # 注意空集合不能用 {} 定义
02  print("空集合",empty)
03  number={2,4,6,8,6,4,10,12,14,16,18,12,20}
04  print("数字集合",number)
```

```
05  mix=set([1,"Python","语言",1.414])
06  print("混合类型集合",mix)
```

执行上面的程序，其输出结果显示如下。

```
空集合 set()
数字集合 {2, 4, 6, 8, 10, 12, 14, 16, 18, 20}
混合类型集合 {1, '语言', 'Python', 1.414}
```

注意

(1) 在定义集合时，如果输入了重复的元素，Python 会自动只保留一个。

(2) 因为 Python 中的集合是无序的，所以每次输出的元素的排序可能与上面的不同，不必在意。

(1) 在集合中添加元素。

在集合中添加元素可以使用 add() 方法来实现。

【例 5.22】

```
01  number={2,4,6,8,10,12}
02  print(number)
03  number.add(14)
04  print(number)
05  number.add(8)
06  print(number)
```

执行上面的程序，其输出结果显示如下。

```
{2, 4, 6, 8, 10, 12}
{2, 4, 6, 8, 10, 12, 14}
{2, 4, 6, 8, 10, 12, 14}
```

从执行结果中可见使用 add() 方法在添加新元素时，若新的元素与原集合中的元素相同，则不会添加新的元素，反之，则正常添加元素。这样保证了集合中元素的唯一性。

(2) 在集合中删除元素

可使用 del 语句删除整个集合，删除一个元素使用集合的 pop() 方法或 remove() 方法，删掉集合所有元素（即清空集合）可使用集合对象的 clear() 方法，使其变为空集合。

【例 5.23】

```
01  number={2,4,6,8,10,12}
02  print(number)
03  number.remove(10)           # 删除指定元素
04  print(number)
05  number.pop()                # 删除一个元素
06  print(number)
07  number.clear()              # 删除全部元素
08  print(number)
```

执行上面的程序，其输出结果显示如下。

```
{2, 4, 6, 8, 10, 12}
{2, 4, 6, 8, 12}
{4, 6, 8, 12}
set()
```

☞ 提示

使用集合的remove()方法时，如果指定的元素不存在，Python解释器将会输出错误提示。

❖ 5.2.2 集合的运算

Python中的集合可以看成数学意义上的无序和无重复元素的集合，并且Python自带的集合类型支持很多数学意义上的集合操作。集合最常用的操作就是进行交集、并集、差集和对称差集运算。进行交集运算时使用“&”符号；进行并集运算时使用“|”符号；进行差集运算时使用“-”符号；进行对称差集运算时使用“^”符号。

【例5.24】

```
01  x1={2,4,6,8}
02  x2={1,4,6,10,12}
03  print("x1",x1)
04  print("x2",x2)
05  print(" 交集 ",x1 & x2)
06  print(" 并集 ",x1 | x2)
07  print(" 差集 ",x1 - x2)
08  print(" 对称差集 ",x1 ^ x2)
```

执行上面的程序，其输出结果显示如下。

```
x1 {8, 2, 4, 6}
x2 {1, 4, 6, 10, 12}
交集 {4, 6}
并集 {1, 2, 4, 6, 8, 10, 12}
差集 {8, 2}
对称差集 {1, 2, 8, 10, 12}
```

❖ 5.2.3 集合推导式

集合推导式和列表推导式基本上没有区别，但集合推导式可以去除重复的元素，并且不使用中括号“[]”，而是使用大括号“{}”。

【例5.25】

```
01  x1={-3,-2,-1,1,2,3,4,5}
02  x2={a**2 for a in x1}
03  print(x1)
04  print(x2)
```

执行上面的程序，其输出结果显示如下。

```
{1, 2, 3, 4, 5, -1, -3, -2}
{1, 4, 9, 16, 25}
```

第六章 流程控制语句

✦ 6.1 程序结构

所有编程语言在编写时都要遵照语言结构和流程控制，它们控制了整个程序运行的步骤。如果没有流程控制语句，整个程序将按照线性顺序来执行，而不能根据用户的需求决定程序执行的顺序。流程控制语句主要包括顺序控制语句、条件控制语句和循环控制语句，对应结构化程序设计中的三种基本结构是顺序结构、选择结构和循环结构。这三种结构的执行流程图如下所示。

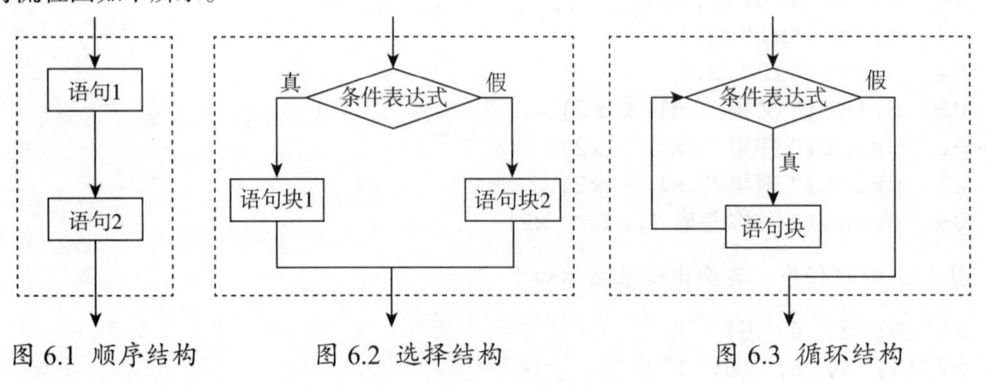

图 6.1 顺序结构　　图 6.2 选择结构　　图 6.3 循环结构

图 6.1 是顺序结构的流程图，编写完毕的语句根据编写顺序依次被执行；图 6.2 是选择结构的流程图，它主要根据条件表达式的结果选择执行不同的语句块；图 6.3 是循环结构的流程图，它是在一定条件下反复执行某段程序的流程结构，其中被反复执行的语句块称为循环体，而决定循环是否终止的判断条件称为循环条件。

✦ 6.2 选择语句

选择语句，也称为条件语句，即按照条件选择执行不同的代码片段。在 Python 中，选择语句主要有三种形式，分别是 if 语句、if...else 语句和 if...elif...else 多分支语句。

❖ 6.2.1 简单的 if 语句

几乎所有的语言都有 if 语句，if 语句按照条件选择执行不同的代码。在 Python 中，if 语句的语法格式如下。

```
if 表达式：
    语句 1
    语句 2
    ……
```

需要注意的是，上述语法格式中的“语句 1” “语句 2”……前的缩进（相对于 if 行有四个空格开头）不能省略。

每条 if 语句的核心都是一个值为“True”或者“False”的表达式，这种表达式称为条件测试。Python 根据条件测试的值为“True”还是“False”来决定是否执行 if 语句中的代码。如果条件测试的值为“True”，Python 就执行紧跟在 if 语句后面的代码；如果为“False”，Python 就忽略这些代码不去执行。

简单 if 语句的流程图，如图 6.4 所示。

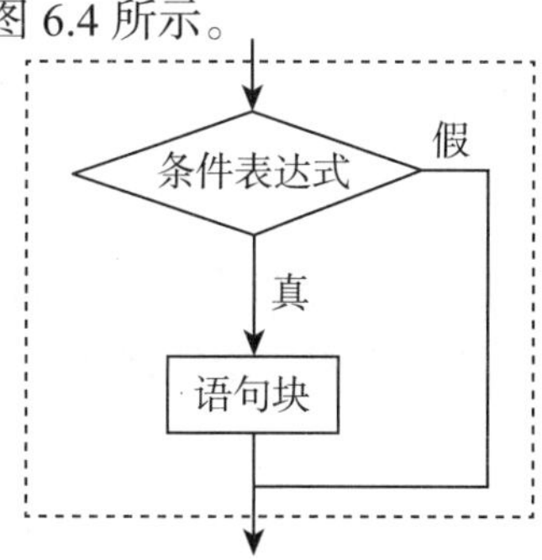

图 6.4 简单 if 语句的流程图

【例 6.1】

```
01  a=True
02  if a:
03      print("It's True.")
```

执行上述程序，其输出结果显示如下。

```
It's True.
```

从例 6.1 的执行结果中可以发现，if 语句中的代码块被执行了，说明“a”的条件测试值是“True”。如果把“a”改成“False”，如下所示。

```
01  a=False
02  if a:
03      print("It's True.")
```

上述示例的执行结果没有输出，说明代码块中的 print 语句没有被执行，表明“if”后的条件测试值是“False”。

当“if”后的条件测试为数字时，只有数字“0”的条件测试结果为“False”。

【例 6.2】

```
01  a=0
02  if a:
03      print("a")
```

例 6.2 的执行结果也没有输出，说明代码块中的 print 语句没有被执行，表明“if”后的条件测试值是“False”。

当“if”后的条件测试为字符串时，只有字符串为空字符串时条件测试的结果为“False”。

【例 6.3】

```
01  a1=""
02  a2="Python"
03  if a1:
04      print("a1")
05  if a2:
06      print("a2 is",a2)
```

执行上述程序，其输出结果显示如下。

```
a2 is Python
```

字典、列表和元组类型的数据，当它们不包含任何元素时，条件测试的结果是“False”，不执行 if 语句中的代码；当它们包含元素时，条件测试的结果是“True”，执行 if 语句中的代码。

【例 6.4】

```
01  a1=[]
02  a2=[2,4]
03  if a1:
04      print("a1")
05  if a2:
06      print("a2")
```

执行上述程序，其输出结果显示如下。

```
a2
```

【例 6.5】

```
01  b1=()
02  b2=(20,4)
03  if b1:
04      print("b1")
05  if b2:
06      print("b2")
```

执行上述程序，其输出结果显示如下。

```
b2
```

【例 6.6】

```
01  c1={}
02  c2={"Hello":"World"}
03  if c1:
04      print("c1")
05  if c2:
06      print("c2")
```

执行上述程序，其输出结果显示如下。

```
c2
```

另外，当“if”的条件是“None”时，条件测试结果也是“False”，也不会执行 if 语句中的代码。

❖ 6.2.2 if...else 语句

在条件测试通过时执行一个操作，在没有通过时执行另一个操作的情况下，可使用 Python 提供的 if...else 语句。

if...else 语句的语法格式如下。

```
01  if 表达式：
02        语句块 1
03  else:
04        语句块 2
```

if...else 语句块类似于简单的 if 语句，但其中的 else 语句可以指定条件测试未通过时要执行的操作。

if...else 语句的流程图，如图 6.5 所示。

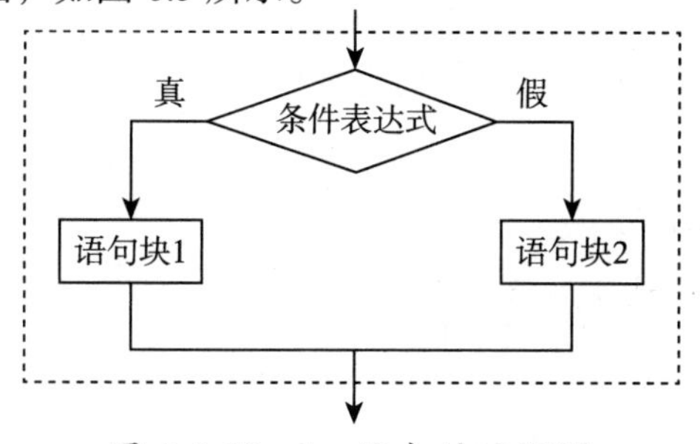

图 6.5 if...else 语句的流程图

【例 6.7】

下列代码表示一个人符合投票年龄时显示与前面相同的消息，不符合时显示一条新消息。

```
01  age=16
02  if age>=18:
03      print("You are old enough to vote!")
04      print("Have you registered to vote yet?")
05  else:
06      print("Sorry,you are too young to vote.")
07      print("Please register to vote as soon as you turn
    18!")
```

执行上述程序，其输出结果显示如下。

```
Sorry,you are too young to vote.
Please register to vote as soon as you turn 18!
```

从例 6.7 的执行结果中可以发现，“if”后的条件测试未通过，所以执行了 else 代码块中的代码。

上述代码之所以可行，是因为只存在两种情形：要么符合投票年龄，要么不符合。if...else 结构非常适合用于让 Python 执行二选一的情形。在这样简单的 if...else 结构中，总是会执行两个操作中的一个。

其实，if...else 语句很好理解，当“if”后的条件测试为“False”时执行“else”后的语句，“else”是“if”语句的可选项，并且不一定非要有“else”。需要注意的是，“else”不能单独出现，必须跟在“if”后面。

程序中使用 if...else 语句时，如果出现 if 语句多于 else 语句的情况，那么该 else 语句将会根据缩进确定该 else 语句是属于哪个 if 语句的。

【例 6.8】

```
01   a=-1
02   if a>=0:
03        if a>0:
04              print("a 大于 0")
05        else:
06              print("a 等于 0")
```

例 6.8 执行后将不输出任何提示信息，这是因为 else 语句属于第三行的 if 语句，所以当 a 小于 0 时，else 语句将不执行。如果将上面的程序修改为以下内容时：

```
01   a=-1
02   if a>=0:
03        if a>0:
04             print("a 大于 0")
05   else:
06             print("a 等于 0")
```

例 6.8 执行后，将输出“a 等于 0”。此时，else 语句属于第二行的 if 语句。

❖ 6.2.3 if…elif…else 语句

有时候可能会需要测试多个条件，单纯的 if...else 语句并不能满足所有需求，这种情况下就可以使用 if…elif…else 语句。if…elif…else 语句是一个多分支选择语句，其语法格式如下：

```
01  if 表达式 1:
02       语句块 1
03  elif 表达式 2:
04       语句块 2
05  elif 表达式 3:
06       语句块 3
07  ……
08  else:
09       语句块 n
```

使用 if...elif...else 语句时，如果表达式为真，则执行语句；如果表达式为假，则跳过该语句，

进行下一个 elif 的判断，只有在所有表达式都为假的情况下，才会执行 else 中的语句。

if...elif...else 语句的流程图，如图 6.6 所示。

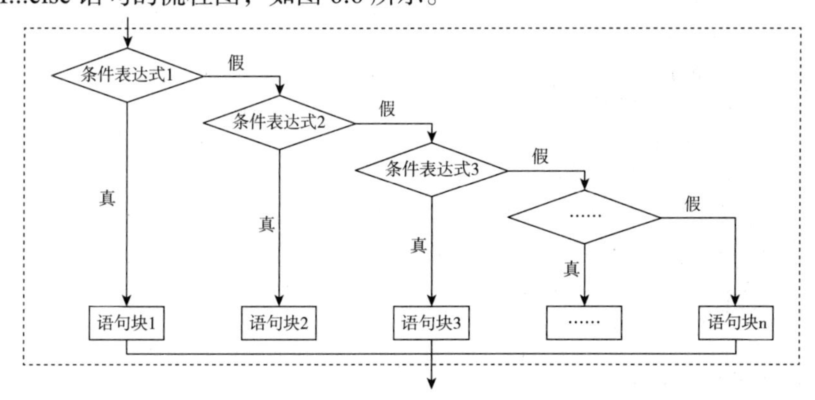

图 6.6　if...elif...else 语句的流程图

注意

if 和 elif 都需要判断表达式的真假，而 else 则不需要判断；另外，elif 和 else 都必须跟 if 一起使用，不能单独使用。

【例 6.9】

```
01  x=88
02  if x>90:
03      print("优")
04  elif x>80:
05      print("良")
06  elif x>60:
07      print("及格")
08  else:
09      print("不及格")
```

执行上述程序，其输出结果显示如下。

```
良
```

从例 6.9 的执行结果中可以发现，代码执行了第一个“elif”后面的语句。虽然“x”等于“88”满足“x>80”和“x>60”，但是“if...elif”只会执行第一条条件测试是“True”的语句，其他内容都会被忽视。

提示

如果有“elif”，则“else”必须在最后，不能插在“elif”之前。

【例 6.10】

```
01  x=52
02  if x>90:
```

```
03      print("优")
04  elif x>80:
05      print("良")
06  elif x>60:
07      print("及格")
08  else:
09      print("不及格")
```

执行上述程序，其输出结果显示如下。

```
不及格
```

从例 6.10 的执行结果中可以发现，变量“x”不满足“if”和“elif”的条件，所以执行了“else”后的语句。

6.2.4 if 语句的嵌套

前面介绍了三种形式的 if 选择语句，这三种形式的选择语句之间都可以互相嵌套。

(1) 在简单的 if 语句中嵌套 if...else 语句的形式如下。

```
01  if 表达式 1:
02      if 表达式 2:
03          语句块 1
04      else:
05          语句块 2
```

(2) 在 if...else 语句中嵌套 if...else 语句的形式如下。

```
01  if 表达式 1:
02      if 表达式 2:
03          语句块 1
04      else:
05          语句块 2
06  else:
07      if 表达式 3:
08          语句块 3
09      else:
10          语句块 4
```

提示

if 选择语句可以有多种嵌套方式，在程序开发时，可以根据自身需要选择合适的嵌套方式，但一定要严格控制好不同级别代码块的缩进量。

6.3 循环语句

程序一般是按顺序执行的，Python 提供了各种控制结构，允许更加复杂的执行路径。循环允许多次执行相同的语句而不需要重复代码。Python 中主要有两种循环结构：while

循环和 for 循环。

❖ 6.3.1 while 循环

while 循环是通过一个条件来控制是否要继续反复执行循环体中的语句，其语法格式如下。

```
01   While 表达式:
02         循环体
```

☞ 提示

循环体是指一组被重复执行的语句。

while 循环语句的流程图，如图 6.7 所示。

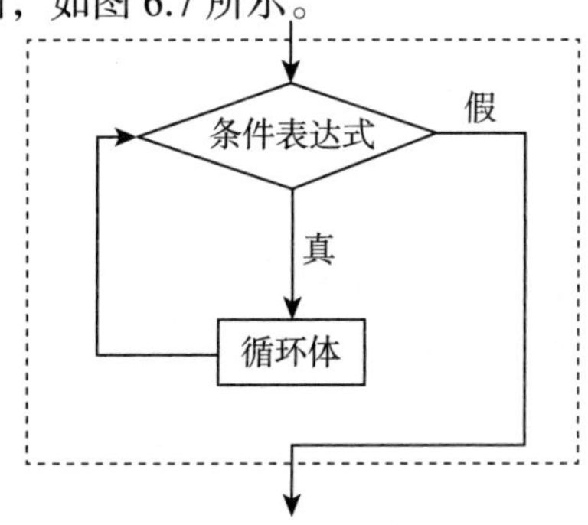

图 6.7 while 循环语句的流程图

while 语句后的表达式和 if 语句后的表达式一样，都是条件测试。只有条件测试的结果是“True”时才会执行“while”循环体内的语句。

【例 6.11】

```
01  number=1
02  while number<=5:
03        print(number)
04        number+=1
```

执行上述程序，其输出结果显示如下。

```
1
2
3
4
5
```

例 6.11 中的 while 循环从 1 数到 5，在第一行中，将 1 赋给变量 number，从而指定从 1 开始数。将接下来的 while 循环设置成：只要 number 小于或等于 5，就接着运行这个循环。循环中的代码打印 number 的值，再使用代码 number += 1 将其值加 1。只要满足条件 number <=5，Python 就接着运行这个循环。因为 1 小于 5，所以 Python 打印 1 并将 number 加 1，使其为 2；因为 2 小于 5，所以 Python 打印 2 并将 number 加 1，使其为 3；依此类推。一旦 number 大于 5，循环就将停止，整个程序也将结束。

需要注意的是，在使用 while 循环语句时，一定不要忘记添加将循环条件改变为 False 的代码。否则，将产生死循环。

【例 6.12】

```
01  x=3
02  while x<=7:
03      print(x)
04      x+=1
```

执行上述程序，其输出结果显示如下。

```
3
4
5
6
7
```

上面示例的执行结果是打印出 3~7 的数字。注意“x+=1”不能省略，否则会产生无限循环或者死循环。因为如果没有“x+=1”，那么变量“x”将永远小于“7”，while 语句中的“x<=7”条件测试则永远是“True”，那么“print(x)”将会一直执行下去，最终可能导致系统资源被耗尽。

提示

每个程序员都会偶尔因不小心而编写出无限循环，在循环的退出条件比较微妙时尤其如此。如果程序陷入无限循环，可按快捷键“Ctrl+ C”，也可关闭显示程序输出的终端窗口。

❖ 6.3.2 for 循环

for 循环是一个计次循环，一般在循环次数已知的情况下应用。通常适用于枚举或者遍历序列以及迭代对象中的元素，其语法格式如下。

```
01  for 变量 in 序列:
02      循环体
```

其中，变量用于保存读取出的值；序列为要遍历或者迭代的对象，该对象可以是任何有序的序列对象，如字符串、列表和元组等；循环体为一组被重复执行的语句。

for 循环语句的流程图，如图 6.8 所示。

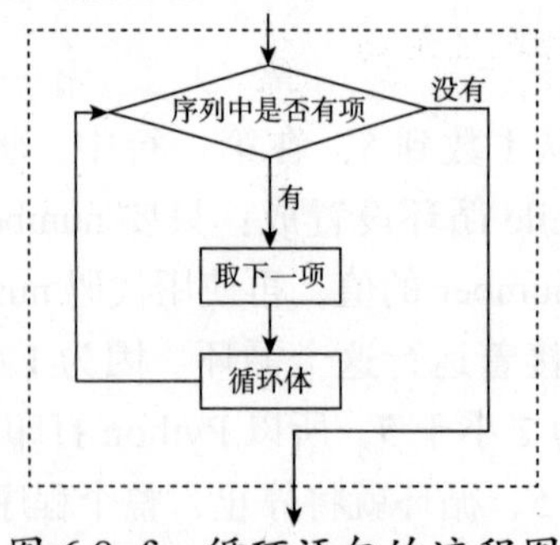

图 6.8 for 循环语句的流程图

【例 6.13】

```
01   for x in (1,2,3,4,5,6):
02       print(x)
```

执行上述程序，其输出结果显示如下。

```
1
2
3
4
5
6
```

从例 6.13 的执行结果中可以发现，变量“x”逐一遍历“in”后元组里的每个元素，遍历完所有元素之后结束循环。

在日常使用中经常会遇到需要多次执行或者输出的例子。如果需要逐一遍历“in”后元组里的 1~100 个或者 1~1000 个元素中的每个元素，就要写很长的列表，非常麻烦。不过，Python 中内置的 range() 函数可以处理此类问题。

range() 函数用于生成一系列连续的整数，多用于 for 循环语句中，其语法格式如下。

```
range(start,end,step)
```

参数说明如下。

start 用于指定计数的起始值，可以省略。如果省略，则从 0 开始。

end 用于指定计数的结束值，但不包括该值，不能省略。当 range() 函数中只有一个参数时，即表示指定计数的结束值。

step 用于指定步长，即两个数之间的间隔，可以省略。如果省略，则表示步长为 1。

注意

在使用 range() 函数时，如果只有一个参数，那么表示的是 end；如果有两个参数，那么表示的是 start 和 end；如果三个参数都存在，那么最后一个表示步长。

【例 6.14】

```
01   for x in range(10):
02       print(x)
```

执行上述程序，其输出结果显示如下。

```
0
1
2
3
4
5
6
```

```
7
8
9
```

从例 6.14 的执行结果中可以发现，输出了从 0 到 9 的十个数字。

【例 6.15】

```
01  for x in range(1,10):
02      print(x)
```

执行上述程序，其输出结果显示如下。

```
1
2
3
4
5
6
7
8
9
```

从例 6.15 的执行结果中可以发现，输出了从 1 到 9 的九个数字。

【例 6.16】

```
01  for x in range(1,12,3):
02      print(x)
```

执行上述程序，其输出结果显示如下。

```
1
4
7
10
```

从例 6.16 的执行结果中可以发现，输出了“1”“4”“7”“10”四个数字，其步长为 3。

使用 for 循环语句除了可以循环数值之外，还可以逐个遍历字符串。

【例 6.17】

```
01  string='我爱读好书'
02  print(string)                                # 横向显示
03  for ch in string:
04      print(ch)                                # 纵向显示
```

执行上述程序，其输出结果显示如下。

```
我爱读好书
我
```

❖ 6.3.3 循环嵌套

在 Python 中，允许在一个循环体中嵌入另一个循环，这称为循环嵌套。在 Python 中，while 循环和 for 循环都可以进行循环嵌套。

(1) 在 while 循环中嵌入 while 循环的格式如下。

```
01  while 表达式 1:
02      while 表达式 2:
03          循环体 2
04      循环体 1
```

(2) 在 for 循环中嵌入 for 循环的格式如下。

```
01  for 变量 1 in 序列 1:
02      for 变量 2 in 序列 2:
03          循环体 2
04      循环体 1
```

(3) 在 while 循环中嵌入 for 循环的格式如下。

```
01  while 表达式 :
02      for 变量 in 序列 :
03          循环体 2
04      循环体 1
```

(4) 在 for 循环中嵌入 while 循环的格式如下。

```
01  for 变量 in 序列 :
02      while 表达式 :
03          循环体 2
04      循环体 1
```

除了上面介绍的四种嵌套格式外，还可以实现更多层的嵌套，方法与上面的类似，这里不再赘述。

✦ 6.4 跳转语句

当循环条件一直满足时，程序将会一直执行下去，直到不满足条件，退出循环体。有时候可能情况比较复杂，需要跳过或者退出循环体，这时 break 和 continue 语句就派上用场了。另外，在 Python 中还有一个用于保持程序结构完整性的 pass 语句。下面将对 break 语句、continue 语句和 pass 语句进行详细介绍。

❖ 6.4.1 break 语句

break 语句可以终止当前的循环，包括 while 和 for 在内的所有控制语句。break 语句的语法比较简单，只需要在相应的 while 或 for 语句中加入即可。

【例 6.18】

```
01  x=1
02  while 1:
03      print(x)            # 输出 1~7 这七个数字
04      x+=1
05      if x>7:             # 当 x 大于 7 时跳出循环
06          break
```

执行上述程序，其输出结果显示如下。

```
1
2
3
4
5
6
7
```

从例 6.18 的执行结果中可以发现，break 语句成功地退出了循环体。

【例 6.19】

```
01  for x in range(10):
02      if x>5:
03          break
04      print(x)
```

执行上述程序，其输出结果显示如下。

```
0
1
2
3
4
5
```

例 6.19 中的循环体中添加了 if 语句来判断变量“x”是否大于 5，如果大于 5 则不再执行之后的循环。

❖ 6.4.2 continue 语句

continue 语句的作用没有 break 语句强大，它只能中止本次循环而提前进入下一次循环中。continue 语句的语法也比较简单，只需要在相应的 while 或 for 语句中加入即可。

【例 6.20】

```
01  number=0
02  while number<10:
```

```
03        number+=1
04        if number%2==0:
05            continue
06        print(number)
```

执行上述程序，其输出结果显示如下。

```
1
3
5
7
9
```

例 6.20 执行了一个从 1 数到 10，但只打印其中奇数的循环。首先，将 number 设置为 0，由于它小于 10，Python 进入 while 循环。进入循环后，以步长 1 的方式往上数，因而 number 为 1。其次，if 语句检查 number 与 2 的求余运算结果。如果结果为 0（说明 number 可被 2 整除），就执行 continue 语句，让 Python 忽略余下的代码，并返回循环的开头。如果当前的数不能被 2 整除，就执行循环中余下的代码，并将这个数打印出来。

【例 6.21】

```
01  for x in range(10):
02      if x==5:
03          continue
04      print(x)
```

执行上述程序，其输出结果显示如下。

```
0
1
2
3
4
6
7
8
9
```

从例 6.21 的执行结果中可以发现，输出的数字中并没有数字“5”，说明 continue 被执行了，跳过了后面的 print 语句。

❖ 6.4.3 pass 语句

在 Python 中的 pass 语句是空语句，它不做任何操作，一般起到占位作用。

【例 6.22】

```
01  for x in range(10):
02      if x == 5:
```

```
03          pass
04      else:
05          print(x)
```

执行上述程序，其输出结果显示如下。

```
0
1
2
3
4
6
7
8
9
```

从例 6.22 的执行结果中可以发现，pass 语句并没有做任何操作。

之所以需要 pass 语句，主要是因为 Python 的缩进。在 Python 中，行首的空格用来决定逻辑行的缩进层次，从而决定语句的分组。这意味着同一层次的语句必须要有相同的缩进，每一组这样的语句称为一个块。前面讲述的 if、while 和 for 等都已经遇到了一行结尾是“:”、后一行必须是有行首空白的情况（一般需要相对于前一行多四个空格）。不仅是流程控制语句，在后面章节中要讲到的函数、类等语法中也会用到缩进（行首空格，一般一组缩进四个空格）。在 Python 中，如果语法的缩进不正确，就会引起程序出错。

【例 6.23】

```
01  a=5
02  if a==10:
03      # TODO
04  else:
05      print("a 不是 10")
```

执行上述程序，将会得到如图 6.9 所示的 SyntaxError 异常，主要是因为 Python 解释器期望能有一个缩进的语法块，但是由于没有任何语法块提供，所以程序无法执行。

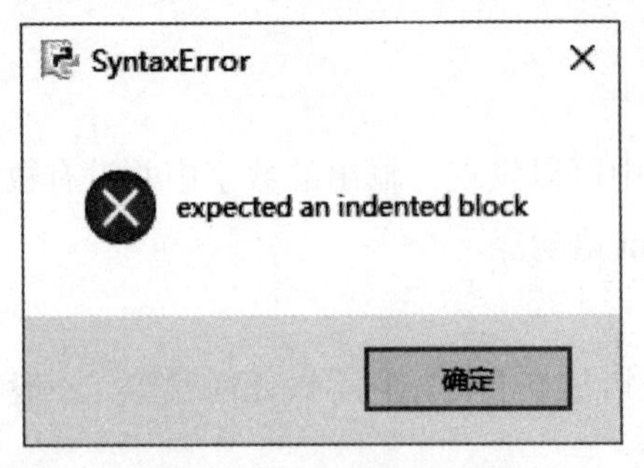

图 6.9 SyntaxError 异常

前面讲到，pass 语句的作用是保持程序结构的完整性，在上面示例中使用 pass 语句占位后，程序就可以正常执行了。

【例 6.24】

```
01  a=5
02  if a==10:
03       # TODO
04      pass
05  else:
06      print("a 不是 10")
```

执行上述程序，其输出结果显示如下。

```
a 不是 10
```

❖ 6.4.4 循环语句中的 else

在 Python 中，不仅 if 可以和 else 组合，while 和 for 也可以和 else 组合出现。

(1) 与 while 组合出现的 else 后的代码块，会在 while 后的条件测试为“False”时执行。

【例 6.25】

```
01  number=0
02  while number<4:
03      print(number,"is less than 4")
04      number=number+1
05  else:
06      print(number,"is not less than 4")
```

执行上述程序，其输出结果显示如下。

```
0 is less than 4
1 is less than 4
2 is less than 4
3 is less than 4
4 is not less than 4
```

从例 6.25 的执行结果中可以发现，最后一个 number 为“4”，不满足 while 后的条件测试，所以就执行了 else 后的语句。需要注意的是，如果中途 break 退出循环是不会执行 else 后的代码块的。

【例 6.26】

```
01  number=0
02  while number<4:
03      print(number,"is less than 4")
04      if number==3:
05          break
06      number=number+1
07  else:
08      print(number,"is not less than 4")
```

执行上述程序，其输出结果显示如下。

```
0 is less than 4
1 is less than 4
2 is less than 4
3 is less than 4
```

从例 6.26 的执行结果中可以发现，中途 break 退出循环，else 后的代码块并没有执行。

(2) for 后面组合 else 的情况与 while 类似。

【例 6.27】

```
01  for number in range(6):
02      print(number,"in for segment")
03  else:
04      print(number,"in else segment")
```

执行上述程序，其输出结果显示如下。

```
0 in for segment
1 in for segment
2 in for segment
3 in for segment
4 in for segment
5 in for segment
5 in else segment
```

从例 6.27 的执行结果中可以发现，else 后的代码块被正确执行了。同样地，如果由于 break 操作退出 for 循环，是不会执行 else 后的代码块的。

【例 6.28】

```
01  for number in range(6):
02      print(number,"in for segment")
03      if number==4:
04          break
05  else:
06      print(number,"in else segment")
```

执行上述程序，其输出结果显示如下。

```
0 in for segment
1 in for segment
2 in for segment
3 in for segment
4 in for segment
```

从例 6.28 的执行结果中可以发现，由于 break 退出了 for 循环，所以 else 后的代码块没有被执行。

第七章 函数

✦ 7.1 定义函数

在编程中，经常需要调用相同或者类似的操作，这些相同或者类似的操作是由同一段代码完成的，而函数的出现，可以避免重复编写这些代码。函数的作用就是把相对独立的某个功能抽象出来，使之成为一个独立的实体。

Python 中有大量的不同功能和类型的内置函数，这些内置函数可以直接使用，快速建构各种场景的网站。Python 内置的函数，如表 7.1 所示。

表 7.1 Python 内置的函数

abs()	all()	any()	ascii()	bin()	bool()
bytearray()	bytes()	callable()	chr()	classmethod()	compile()
complex()	delattr()	dice()	dir()	divmod()	enumerate()
eval()	exec()	filter()	float()	format()	frozenset()
getattr()	globals()	hasattr()	hash()	help()	hex()
id()	input()	int()	isinstance()	issubclass()	iter()
len()	list()	locals()	map()	max()	memoryview()
min()	next()	object()	oct()	open()	ord()
pow()	print()	property()	range()	repr()	reversed()
round()	set()	setattr()	slice()	sorted()	staticmethod()
str()	sum()	super()	tuple()	type()	vars()
zip()	__import__()				

除了可以直接使用的内置函数外，Python 还支持自定义函数，即通过将一段有规律的、重复的代码定义为函数，来达到一次编写、多次调用的目的。使用函数可以提高代码的重复利用率。

定义一个函数要使用 def 关键字来实现，其语法格式如下。

```
01  def function_name([parameterlist]):
02      function body
03      return value
```

参数说明如下。

function_name 为函数名，和 Python 中其他标识符命名规则一样，有效的函数名以字母或者下划线开头，后面可以跟字母、数字或者下划线，函数名应该能够反映函数所执行的任务。需要注意的是，Python 中的函数名区分大小写，字母相同但大小写不同的函数视为两个不同的函数。

parameterlist 为函数参数，用于指定向函数中传递的参数。如果有多个参数，各参数之间使用逗号“,”分隔。如果不指定，则表示该函数没有参数。在调用时，也不指定参数。

function body 为函数内容，用于指定函数体，即该函数被调用后要执行的功能代码。需要注意的是，函数内容相对于定义函数的 def 关键字需要缩进四个空格。

return value 为函数返回值，即函数执行完成后返回的值。也可以不返回任何内容，不返回内容可视为返回“None”。

【例 7.1】

```
01  def language(name):
02      print("Hello",name)
03  language("Pyhon")
```

执行上述程序，其输出结果显示如下。

```
Hello Pyhon
```

要执行函数定义的特定任务，可调用该函数。函数调用让 Python 执行函数的代码。要调用函数，可依次指定函数名以及小括号括起的必要信息，如例 7.1 中的第三行代码。如果调用函数不需要任何信息，调用它时只需要指定函数名加小括号即可，注意小括号不能省略。

【例 7.2】

```
01  def greet_user():
02      print("Hello World!")
03  greet_user()
```

执行上述程序，其输出结果显示如下。

```
Hello World!
```

✦ 7.2 函数参数

❖ 7.2.1 了解形式参数和实际参数

在调用函数时，大多数情况下，主调函数和被调用函数之间有数据传递关系，这就是有参数的函数形式。函数参数的作用是传递数据给函数使用，函数利用接收的数据进行具体的操作处理。

在定义函数时，函数名后面小括号中的参数为形式参数，简称形参。在主调函数中调用一个函数时，函数名后面小括号中的参数为实际参数，简称实参。根据实际参数的类型不同，可以分为将实际参数的值传递给形式参数，或者将实际参数的引用传递给形式参数两种情况。其中，当实际参数为不可变对象时，进行的是值传递；当实际参数为可变对象时，进行的是引用传递。实际上，值传递和引用传递的基本区别是，进行值传递后，改变形式参数的值，实际参数的值不变；而进行引用传递后，改变形式参数的值，实际参数的值也一起改变。

【例 7.3】

```
01  # 定义函数
02  def demo(a):
03      print("原值：",a)
04      a+=a
05  # 调用函数
06  print("---------值传递-----------")
07  x=1
08  print("函数调用前：",x)
09  demo(x)
10  print("函数调用后：",x)
11  print("---------引用传递-----------")
12  y=[1,2,3,4,5,6,7,8,9]
13  print("函数调用前：",y)
14  demo(y)
15  print("函数调用后：",y)
```

执行上述程序，其输出结果显示如下。

```
---------值传递-----------
函数调用前： 1
原值：1
函数调用后： 1
---------引用传递-----------
函数调用前： [1, 2, 3, 4, 5, 6, 7, 8, 9]
原值：[1, 2, 3, 4, 5, 6, 7, 8, 9]
函数调用后： [1, 2, 3, 4, 5, 6, 7, 8, 9, 1, 2, 3, 4, 5, 6, 7, 8, 9]
```

从上面的执行结果中可以发现，在进行值传递时，改变形式参数的值后，实际参数的值不改变；在进行引用传递时，改变形式参数的值后，实际参数的值也发生了改变。

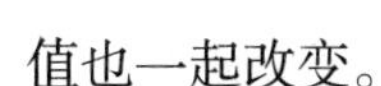

❖ 7.2.2 位置参数

位置参数也称为必须参数，必须按照正确的顺序传到函数中，即调用时的数量和位置必须和定义时是一样的。

【例 7.4】

```
01  def add(a,b):
02      print("a + b =",a+b)
03  add(1,2)
```

执行上述程序，其输出结果显示如下。

```
a + b = 3
```

在调用函数时，指定的实际参数的数量必须与形式参数的数量一致，否则将导致TypeError 异常，提示缺少必要的位置参数。

【例 7.5】

```
01  def three_arg_function(arg1,arg2,arg3):
02      print("第一个参数",arg1)
03      print("第二个参数",arg2)
04      print("第三个参数",arg3)
05  three_arg_function(1,2)
```

执行上述程序，其输出结果显示如下。

```
Traceback (most recent call last):
  File "C:/Users/Administrator/Desktop/python-learn/yz.py",
line 5, in <module>
    three_arg_function(1,2)
TypeError: three_arg_function() missing 1 required positional
argument: 'arg3'
```

从上面的执行结果中可以发现，调用函数时函数缺少了一个必要的参数。

【例 7.6】

```
01  def three_arg_function(arg1,arg2,arg3):
02      print("第一个参数",arg1)
03      print("第二个参数",arg2)
04      print("第三个参数",arg3)
05  three_arg_function(1,2,3,4)
```

执行上述程序，其输出结果显示如下。

```
Traceback (most recent call last):
  File "C:/Users/Administrator/Desktop/python-learn/yz.py",
line 5, in <module>
    three_arg_function(1,2,3,4)
TypeError: three_arg_function() takes 3 positional arguments
but 4 were given
```

从例 7.6 的执行结果中可以发现，函数只需要三个参数，但是调用时给了四个参数。

在调用函数时，指定的实际参数的位置必须与形式参数的位置一致，否则将产生异常信息或者产生的结果与预期不符。

【例 7.7】

```
01  def describe_pet(animal_type,pet_name):
02      print(f"I have a {animal_type}.")
03      print(f"my {animal_type}'s name is {pet_name}.")
04  describe_pet("rabbit","harry")
```

```
05  print("-------------------------")
06  def describe_pet(animal_type,pet_name):
07      print(f"I have a {animal_type}.")
08      print(f"my {animal_type}'s name is {pet_name}.")
09  describe_pet("harry","rabbit")
```

执行上述程序，其输出结果显示如下。

```
I have a rabbit.
my rabbit's name is harry.
-------------------------
I have a harry.
my harry's name is rabbit.
```

从例 7.7 的执行结果中可以发现，在调用 describe_pet() 函数时，应先指定动物类型，再指定名字。而在第二段程序中，指定的实际参数的位置与形式参数的位置不一致，导致产生的结果与预期不符。

❖ 7.2.3 关键字参数

关键字参数是指使用形式参数的名来确定输入的参数值。通过该方式指定实际参数时，不再需要与形式参数的位置完全一致。只要将参数名写正确即可。这样可以避免用户需要牢记参数位置的麻烦，使得函数的调用和参数传递更加灵活方便。

【例 7.8】

```
01  def person(name,age):
02      print("姓名：",name)
03      print("年龄：",age)
04  person(name="小天",age=15)
05  person(age=12,name="小明")
```

执行上述程序，其输出结果显示如下。

```
姓名： 小天
年龄： 15
姓名： 小明
年龄： 12
```

从例 7.8 的执行结果中可以发现，在指定实际参数时，虽然位置与定义函数时不一致，但是执行结果与预期是一致的。

需要注意的是，使用关键字参数时，一定要准确指定函数定义中的形式参数名，不能传入没有定义的参数。

【例 7.9】

```
01  def person(name):

02      print("姓名：",name)
03  person(name="小天",age=15)
```

执行上述程序，其输出结果显示如下。

```
Traceback (most recent call last):
   File "C:/Users/Administrator/Desktop/python-learn/yz.py",
line 3, in <module>
    person(name="小天",age=15)
TypeError: person() got an unexpected keyword argument 'age'
```

从例 7.9 的执行结果中可以发现，上面程序中有未知的关键字"age"。

❖ 7.2.4 为参数设置默认值

在定义函数时，可以给形式参数设置默认值。在调用函数中给形式参数提供了实际参数时，Python 将使用指定的实际参数。如果调用函数时没有传入参数，函数就会使用默认值，并且不会像位置参数那样报错。使用默认值可简化函数调用，还可清楚地指出函数的类型用法。

【例 7.10】

```
01  def default_value(name,height=185):
02      print("我的名字是：",name)
03      print("我的身高是：",height,"厘米")
04  default_value("天明")
```

执行上述程序，其输出结果显示如下。

```
我的名字是： 天明
我的身高是： 185 厘米
```

需要注意的是，在为形式参数设置默认值时，必须先在形参列表中列出没有默认值的形式参数，再列出有默认值的实际参数。这能让 Python 正确地解读位置参数。

【例 7.11】

```
01  def default_value(name,height=185,weight):
02      print("我的名字是：",name)
03      print("我的身高是：",height,"厘米")
04      print("我的体重是：",weight,"千克")
05  default_value(name="天明",weight=60)
```

执行上述程序，将产生如图 7.1 所示的 SyntaxError 异常。

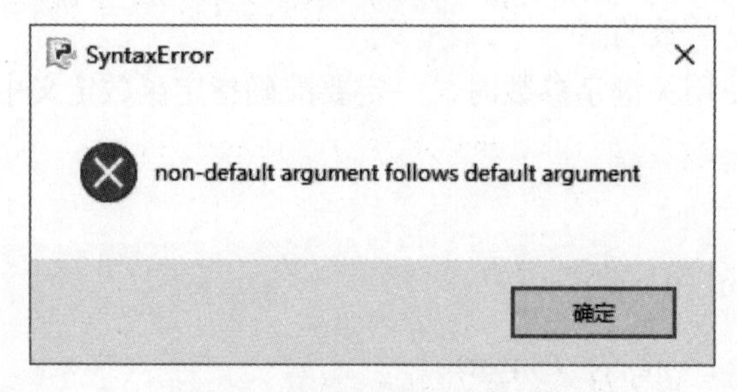

图 7.1 SyntaxError 异常

从例 7.11 的执行结果中可以发现，非默认参数不能跟在默认参数后面，否则将产生语法错误。

❖ 7.2.5 可变参数

在某些情况下不能在定义函数的时候就确定参数的数量和内容，这时候就可以使用可变参数。可变参数也称不定长参数，即传入函数中的实际参数可以是零个、一个、两个或者更多个。定义可变参数时，主要有两种形式，一种是 *parameter，另一种是 **parameter。

(1) *parameter 形式表示接收任意多个实际参数并将其放到一个元组中。

【例 7.12】

```
01  def f_demo(*animals):
02      print("我喜欢的动物有",animals)
03  f_demo("dog","cat")
04  f_demo("dog","cat","hamster")
```

执行上述程序，其输出结果显示如下。

```
我喜欢的动物有 ('dog', 'cat')
我喜欢的动物有 ('dog', 'cat', 'hamster')
```

从例 7.12 的执行结果中可以发现，调用了两次 f_demo() 函数，分别指定不同的实际参数。

(2) **parameter 形式表示接收任意多个类似关键字参数一样显式赋值的实际参数，并将其放到一个字典中。

【例 7.13】

```
01  def f_demo(**animals):
02      print(animals)
03  f_demo(name="dog")
04  f_demo(name="cat")
```

执行上述程序，其输出结果显示如下。

```
{'name': 'dog'}
{'name': 'cat'}
```

从例 7.13 的执行结果中可以发现，最后输出的是一个字典。

在日常使用中，经常使用“*”和“**”来声明参数，用于解决一些未知的情况。

【例 7.14】

```
01  def calculate_sum(*number,**message):
02      s=0
03      for i in number:
04          s+=i
05      print("输入的数字之和是",s)
```

```
06      for k,v in message.items():
07          print(k,v)
08  calculate_sum(1,2,3,4,5,6, 绩效 =" 六月 ")
```

执行上述程序，其输出结果显示如下。

```
输入的数字之和是 21
绩效 六月
```

例 7.14 是在不知道有多少数字需要求和的情况下使用了可变参数来获取参数中所有数字的和。

不仅在函数定义时可以使用“*”和“**”来声明参数，在函数调用时也可以使用相同的方式来传递未知的参数。

【例 7.15】

```
01  def exp(*args,**kwargs):
02      print(args)
03      print(kwargs)
04  x=[1,2,3,4,5]
05  y={" 参数 1":"arg1"," 参数 2":"arg2"}
06  exp(*x,**y)
```

执行上述程序，其输出结果显示如下。

```
(1, 2, 3, 4, 5)
{' 参数 1': 'arg1', ' 参数 2': 'arg2'}
```

从例 7.15 的执行结果中可以发现，无论是参数调用还是函数定义的参数都能以“*”与“**”的形式调用。

✦ 7.3 函数返回值

在 Python 中，可以在函数体内使用 return 语句为函数指定返回值。该返回值可以是任意类型，并且无论 return 语句出现在函数的什么位置，只要得到执行，就会直接结束函数的执行。

【例 7.16】

```
01  def f_demo():
02      x="hello"
03      return x
04  result=f_demo()
05  print(result)
```

执行上述程序，其输出结果显示如下。

```
hello
```

从上面的执行结果中可以发现，“return x”成功地返回了变量“x”的内容。

需要注意的是，如果不写“return”或者只有“return”而后面没有变量，都将返回“None”，即可返回空值。

【例 7.17】

```
01  def no_return():
02      print("没有 return")
03  result1=no_return()
04  print(result1)
05  print("------------------------")
06  def no_return_value():
07      print("有 return 没有返回值")
08      return
09  result2=no_return_value()
10  print(result2)
11  print("------------------------")
12  def has_return():
13      x="hello"
14      print("有 return 有返回值")
15      return x
16  result3=has_return()
17  print(result3)
```

执行上述程序，其输出结果显示如下。

```
没有 return
None
------------------------
有 return 没有返回值
None
------------------------
有 return 有返回值
hello
```

从例 7.17 的执行结果中可以发现，在没有“return”和有“return”但没有返回值的情况下都会获得“None”。如果有“return”并且带有返回值，就可以通过赋值的方式获取函数的返回值。

上面的示例中 Python 的返回值都是一个，其实 Python 可以返回不止一个值。

【例 7.18】

```
01  def multi_value():
02      x1=1
03      x2=2
```

```
04      x3=3
05      x4=4
06      x5=5
07      return x1,x2,x3,x4,x5
08  x=multi_value()
09  print(x)
```

执行上述程序，其输出结果显示如下。

```
(1, 2, 3, 4, 5)
```

从例 7.18 的执行结果中可以发现，有多个返回结果时，Python 会返回一个元组。

若 Python 返回了元组，则可以赋值给多个变量了。

【例 7.19】

```
01  def three_value():
02      return 1,2,3
03  x1,x2,x3=three_value()
04  print(x1)
05  print(x2)
06  print(x3)
```

执行上述程序，其输出结果显示如下。

```
1
2
3
```

从例 7.19 的执行结果中可以发现，函数中的三个返回值成功地赋值给了三个变量“x1”“x2”“x3”。

函数可以返回任何类型的值，包括列表和字典等比较复杂的数据结构。

【例 7.20】

```
01  def build_person(first_name,last_name):
02      person={"first":first_name,"last":last_name}
03      return person
04  poet=build_person("William","Shakespeare")
05  print(poet)
```

执行上述程序，其输出结果显示如下。

```
{'first': 'William', 'last': 'Shakespeare'}
```

从例 7.20 的执行结果中可以发现，函数 build_person() 接受名和姓，并将这些值放到字典中。存储 first_name 的值时，使用的键为“first”，而存储 last_name 的值时，使用的键为“last”。最后，返回表示姓名的整个字典。

✦ 7.4 变量作用域

变量的作用域是指程序代码能够访问该变量的区域，如果超出该区域，再访问时就会出现错误。Python 中有两种最基本的变量作用域：局部变量和全局变量。

❖ 7.4.1 局部变量

一般情况下，在函数内部赋值的变量，不做特殊声明的都是局部变量。局部变量，顾名思义，其作用域是局部的，在当前函数赋值则只能在当前函数使用。如果在函数外部使用函数内部定义的变量，就会出现 NameError 异常。

【例 7.21】

```
01  def f_demo():
02      a="hello"
03      print(a)
04  f_demo()
```

执行上述程序，其输出结果显示如下。

```
hello
```

从例 7.21 的执行结果中可以发现，函数内部正确打印出了 变量“a”的内容。变量“a”是在函数内部被赋值的，所以“a” 是局部变量。

局部变量只能在函数内部被访问，超出函数体的返回就不能正常执行。

【例 7.22】

```
01  def f_demo():
02      a="hello"
03      print(a)              # 输出局部变量的值
04  f_demo()                  # 调用函数
05  print(a)                  # 在函数体外输出局部变量
```

执行上述程序，其输出结果显示如下。

```
hello
Traceback (most recent call last):
  File "C:/Users/Administrator/Desktop/python-learn/yz.py",
line 5, in <module>
    print(a)
NameError: name 'a' is not defined
```

从例 7.22 的执行结果中可以发现，在函数内部的“print(a)”成功执行了，但是在函数外部的“print(a)” 执行失败了，并且收到错误信息。

不仅在函数内部赋值的变量是局部变量，函数定义时的参数也是局部变量。

【例 7.23】

```
01  def f_demo(a):
02      print(a)
```

```
03  f_demo("hello")
04  print(a)
```

执行上述程序，其输出结果显示如下。

```
hello
Traceback (most recent call last):
   File "C:/Users/Administrator/Desktop/python-learn/yz.py",
line 4, in <module>
     print(a)
NameError: name 'a' is not defined
```

从例 7.23 的执行结果中可以发现，例 7.23 与例 7.22 得到的结果相同，在函数内部的"print(a)"成功执行了，但是在函数外部的"print(a)"执行失败了，并且收到错误信息。这说明函数定义时的参数也是局部变量，只能在函数内部使用。

❖ 7.4.2 全局变量

全局变量与局部变量相对应，是能够作用于函数内外的变量。全局变量主要有以下两种情况。

(1) 如果一个变量在函数体外定义，那么不仅在函数体外可以访问到，在函数体内也可以访问到。在函数体外定义的变量是全局变量。

【例 7.24】

```
01  a="hello"                # 全局变量
02  def f_demo():            # 定义函数
03      print(a)             # 在函数体内输出全局变量的值
04  f_demo()                 # 调用函数
05  Print                    # 在函数体外输出全局变量的值
```

执行上述程序，其输出结果显示如下。

```
hello
hello
```

从上面的执行结果中可以发现，函数体内与函数体外的"print(a)"都被正常执行了，说明在函数体外的变量可以正常地在函数体内外访问。

当局部变量与全局变量重名时，对函数体内的局部变量进行赋值后，不影响函数体外的全局变量。

【例 7.25】

```
01  x=" 函数体外 "            # 定义全局变量
02  def f_demo():            # 定义函数
03      x=" 函数体内 " # 定义局部变量
04      print(x)             # 输出局部变量的值
05  f_demo()                 # 调用函数
06  print(x)                 # 输出全局变量的值
```

执行上述程序，其输出结果显示如下。

```
函数体内
函数体外
```

从上面的执行结果中可以发现，函数 f_demo 对局部变量“x”进行赋值操作时并没有改变函数体外的全局变量“x”。这说明如果在函数体内对“x”进行“修改”（其实是创建了一个新的变量，只是名字与函数体外的“x”相同），并不会修改函数体外的“x”。

(2) 如果一个变量在函数体内定义，并且使用 global 关键字修饰，那么该变量也就变为全局变量。在函数体外可以访问该变量，并且在函数体内还可以对其进行修改。

【例 7.26】

```
01  x=" 函数体外 "                # 全局变量
02  print(x)                    # 在函数体外输出全局变量的值
03  def f_demo():               # 定义函数
04      global x                # 将 x 声明为全局变量
05      x=" 函数体内 " # 全局变量
06      print(x)                # 在函数体内输出全局变量的值
07  f_demo()                    # 调用函数
08  print(x)                    # 在函数体外输出全局变量的值
```

执行上述程序，其输出结果显示如下。

```
函数体外
函数体内
函数体内
```

从例 7.26 的执行结果中可以发现，在函数体内修改全局变量“x”为“函数体内”，函数体外的全局变量也变成了“函数体内”。这说明如果要在函数体内修改全局变量，就一定要添加 global 关键字。

尽管 Python 允许全局变量和局部变量重名，但在实际开发时，不建议这么做，因为这样容易让代码混乱，很难分清哪些是全局变量，哪些是局部变量。

✦ 7.5 函数递归和代码复用

（1）函数递归

程序调用自身的编程技巧叫递归。其思想主要为把一个大型复杂问题层层转化为一个与原问题规模更小的问题，问题被拆解成子问题后，递归调用继续进行，直到子问题无需进一步递归就可以解决的地步为止。

为了确保递归正确工作，递归程序应该包含 2 个属性：

①基本情况（bottom cases），用于保证程序调用及时返回，不在继续递归，保证了程序可终止。

②递推关系（recurrentce relation），可将所有其他情况拆分到基本案例。

递归是一种计算方法，主要运用递推的原理。如求阶乘，代码如下：

```
01  xdef factorial_fun(n):
02  if n==1:      # 递归的终止条件
04      return 1     # 阶乘为 1 时，返回结果并退出
05      return n*factorial_fun(n-1)     # 返回阶乘的结果
06      num=int(input(´ 请输入一个正整数：´))     # 输入数字
07  print(´ 该数的阶乘为：´,factorial_fun(num)) # 调用阶乘函数并输出
```

输入一个正整数 5，就可以输出该数的阶乘 120，执行结果如下：

```
请输入一个正整数：5
该数的阶乘为：120
```

（2）代码复用

代码复用是指同一份代码在需要时可以被重复利用。函数和对象是代码复用的主要形式。代码复用的好处是在更新函数功能时，所有被调用的功能都被更新。一般来说，完成特定功能或被经常复用的一组语句应该采用函数来封装，并尽可能减少函数间参数返回值的数量。

✦ 7.6 文档字符串

在使用 def 关键字定义一个函数时，其后必须跟有函数名和包括形式参数的小括号。从函数体的下一行开始，必须要缩进。函数体的第一行可以是字符串，这个字符串就是文档字符串。

【例 7.27】

```
01  def add(a,b):
02      """ 返回参数 a 和 b 的和
03  -------------------------
04  parameters
05  a:int，第一个参数
06  b:int，第二个参数
07  -------------------------
08  returns
09  int，返回 a+b"""
10      return a+b
11  print(add(5,9))
12  print(add.__doc__)
```

执行上述程序，其输出结果显示如下。

```
14
返回参数 a 和 b 的和
-------------------------
parameters
a:int，第一个参数
b:int，第二个参数
```

```
--------------------------
returns
int, 返回 a+b
```

从例 7.27 的执行结果中可以发现，文档字符串可以使用 __doc__ 来获取。

✦ 7.7 匿名函数

匿名函数是指没有名字的函数。通常在需要一个函数，但是又不想花费精力去命名它的时候，就可以使用匿名函数。一般情况下，匿名函数只使用一次。在 Python 中，使用 lambda 表达式创建匿名函数。下面通过简单的代码来了解 lambda 表达式的使用。

```
01  def add(a,b):
02      return a+b
03  lambda a,b:a+b
```

在上面的代码中，add() 函数的作用是返回两个参数“a”和“b”的和，改写成 lambda 表达式就是“lambda a,b:a+b”。以“lambda”开头，表示这是一个 lambda 表达式，之后的内容由冒号“:”分为两部分：“:”左边的是函数的参数，在上面的代码中就是“a”和“b”，与定义一般函数时小括号中的参数一致；“:”右边的就是要返回的值，lambda 表达式不需要用“return”关键字返回内容，函数默认会返回“:”右边的值。

【例 7.28】

```
01  s=lambda a,b:a+b
02  print(s)
03  c=s(3,5)
04  print(c)
```

执行上述程序，其输出结果显示如下。

```
<function <lambda> at 0x00000286A08ACB80>
8
```

从例 7.28 的执行结果中可以发现，在使用 lambda 表达式时，需要定义一个变量，用于调用该 lambda 表达式，否则将输出“<function <lambda> at 0x00000286A08ACB80>”。

通过以上示例可以发现，lambda 表达式中没有函数名。使用 lambda 表达式一般有以下两种情况：程序只执行一次，不需要定义函数名，使用 lambda 表达式方便定义，并且节省了内存中变量的定义；在某些函数中必须以函数作为参数，但是函数本身十分简单而且只在一处使用。

第八章 正则表达式

8.1 正则表达式简介

正则表达式（Regular Expression）是一种文本模式，包括普通字符（例如，a 到 z 之间的字母）和特殊字符（又称为“元字符”）。正则表达式通常被用来检索、替换那些匹配某个模式的字符串。

8.2 正则表达式语法

正则表达式描述了一种字符串匹配的模式，可以用来检查一个串是否含有某种子串、将匹配的子串替换或者从某个串中取出符合某个条件的子串等。

8.2.1 普通字符

普通字符包括没有显示指定为元字符的所有可打印和不可打印字符，包括所有大小写字母、所有数字、所有标点符号和一些其他符号。

要判断一个长度为 1 的字符串是否为英文大写字母，可以写作：

```
[A-Z]
```

因为 A 到 Z 是连续的字符范围，就可以用“-”省略，如果不是连续的字符，就要分开来写。例如，要判断一个长度为 1 的字符串是不是英文字母，这里就包含了大写和小写，可以写作：

```
[A-Za-z]
```

要匹配字符串“good afternoon”中所有的 a、o、e 字母，可以写作：

```
[aoe]
```

要判断一个长度为 2 的字符串是否为英文小写字母，可以写作：

```
[a-z][a-z]
```

8.2.2 元字符

元字符就是在正则表达式中有特殊含义的字符，可以用来规定位于元字符前面的字符在目标对象中的出现模式。

较为常用的元字符包括：“*”、“+”和“？”等。

```
ad*
```

表达式可以匹配“a”或者“add”。

正则表达式中有很多元字符，表 8.1 中是正则表达式中常见的元字符。

表 8.1 常见的元字符

元字符	描述
\	将下一个字符标记为或特殊字符、或原义字符、或向后引用、或八进制转义符。例如，d 匹配字符 d，\d 匹配数字字符。序列 \\ 匹配 \，而 \(匹配 (
^	匹配输入字符串的开始位置
$	匹配输入字符串的结束位置
?	匹配前面的字符零次或一次。例如，men? 可以匹配 men 或 me
+	匹配前面的字符一次或多次。例如，to+ 可以匹配 to 或 too、tooo 等
*	匹配前面的字符零次或多次。例如，to* 可以匹配 t 或 too，但不能匹配 to
.	匹配除换行符之外的任何单个字符
{n}	n 是一个非负整数，表示精确匹配前面的字符 n 次。例如，o{2} 不能匹配 to 中的 o，但是可以匹配 too 中的两个 o
{n,}	n 是一个非负整数，表示至少匹配前面的字符 n 次。例如，o{2,} 不能匹配 to 中的 o，但是可以匹配 tooooo 中的所有 o。o{0,} 等价于 o*，o{1,} 等价于 o+
{n,m}	m 和 n 都是非负整数，表示至少匹配 n 次且至多匹配 m 次。例如，o{1,2} 将匹配 tooooo 中的前三个 o。o{0,1} 等价于 o?
x|y	匹配 x 或 y。例如，m|food 可以匹配到 m 或 food，(m|f)ood 可以匹配到 mood 或 food
[xyz]	字符集合，匹配所包含的任意一个字符。例如，[abc] 可以匹配 man 中的 a
[^xyz]	负值字符集合，匹配未包含的任意字符。例如，[^abc] 可以匹配 man 中的 m,n
[a-z]	字符范围，匹配指定范围内的任意字符。例如，[a-e] 可以匹配 a 到 e 范围内的任意小写英文字母字符
[^a-z]	负值字符范围，匹配不在指定范围内的任意字符。例如，[^a-e] 可以匹配不在 a 到 e 范围内的任意字符
\B	匹配非单词边界。例如，om\B 可以匹配 some 中的 om，不能匹配到 Tom 中的 om
\b	匹配一个单词边界，也就是指单词和空格之间的位置。例如，om\B 可以匹配 Tom 中的 om，不能匹配到 some 中的 om
\D	匹配一个非数字字符。等价于 [^0-9]
\d	匹配一个数字字符。等价于 [0-9]
\f	匹配一个换页符
\n	匹配一个换行符
\r	匹配一个回车符

续表

元字符	描述
\S	匹配任何非空白字符
\s	匹配任何空白字符，包括空格、制表符、换页字符等。等价于 [\f\n\r\t\v]
\t	匹配一个制表符
\v	匹配一个垂直制表符
\W	匹配任何非字母、数字、下划线。等价于 [^A-Za-z0-9_]
\w	匹配任何字母、数字、下划线。等价于 [A-Za-z0-9_]

❖ 8.2.3 限定符

限定符用来指定正则表达式的一个给定组件必须要出现多少次才能满足匹配。有“*”“+”“?”“{n}”“{n,}”“{n,m}”共 6 种。下面分别介绍它们的含义以及用法。

(1)“*”限定符表示匹配前面的字符零次或多次，等价于“{0,}”。例如，“a*cd*”可以匹配“c”“aacddd”等。

(2)“+”限定符表示匹配前面的字符一次或多次，等价于“{1,}”。例如，“a+cd+”可以匹配“acd”“aaacdd”，但不能匹配“ac”“c”“cd”。

(3)“?”限定符表示匹配前面的字符零次或一次，等价于“{0,1}”。例如，“ap(ple)?”可以匹配“ap”“apple”。

(4)“{n}”限定符表示匹配前面的字符 n 次，n 是一个非负整数。例如，“n{3}”只能匹配“nnn”，“3{3}”只能匹配“333”。“[a-z]{3}”可以匹配“abc”“cfz”，但不能匹配“ab”“abcd”。

(5)“{n,}”限定符表示至少匹配前面的字符 n 次，n 是一个非负整数。例如，“n{3,}”能匹配“nnn”，也能匹配“nnnnn”，但是不能匹配“n”。“[a-z]{3,}”可以匹配任意三个以及三个以上的小写英文字母，如“kid”“could”等。

(6)“{n,m}”限定符表示至少匹配前面的字符 n 次且至多匹配 m 次，n,m 均为非负整数。例如，“n{1,3}”可以匹配“n”“nn”“nnn”，也可以匹配“emnnnnnnn”中的前三个“n”。

❖ 8.2.4 字符转义

有不少元字符在试图对其进行匹配时需要进行特殊的处理。要匹配这些特殊字符，必须先将这些字符转义，即在字符前面加上“\”。例如，要匹配“{”本身，用正则表达式表示为：

```
[\{]
```

要匹配“8”“.”“2”“4”这四个字符，用正则表达式表示为：

```
[8\.24]
```

❖ 8.2.5 定位符

定位符能够将正则表达式固定到行首或行尾，也可以创建只在单词内或者只在单词的开头或者只在单词的结尾出现的正则表达式。

(1) “^”定位符匹配输入字符串的开始位置。如果设置了 RegExp 对象的 Multiline 属性，“^”也匹配“\n”或“\r”之后的位置。例如，“^[0-9]”可以匹配“888a”，但不能匹配“a888”。

(2) “$”定位符匹配输入字符串的结束位置。如果设置了 RegExp 对象的 Multiline 属性，“$”也匹配“\n”或“\r”之前的位置。例如，“[0-9]{1,3}$”可以匹配“33”，也可以匹配“a3”“a333”。

(3) “\b”定位符匹配一个单词边界，也就是指单词和空格间的位置。例如，“[\bsta]”可以匹配“start”中的“sta”，“[rt\b]”可以匹配“start”中的“rt”。

(4) “\B”定位符匹配非单词边界。例如，“\Bar”可以匹配“share”中的“ar”，也可以匹配“large”中的“ar”。

☞ 提示

(1) 不能对定位符使用限定符。因为在一个换行符或者单词边界的前面或后面不会有连续多个位置，因而“^+”这样的表达式是不允许的。

(2) 匹配一行文字开始位置的文字，要在正则表达式的开始处使用“^”字符。不要把“^”的这个语法与其在括号表达式中的语法弄混，它们的语法是不同的。

❖ 8.2.6 分组

小括号字符的第一个作用是可以改变限定符的作用范围。例如，(m|f)ood 就是匹配单词 mood 或 food。

小括号的第二个作用就是分组，也就是创建子表达式。例如，([a-z]{1,2}){3} 就是重复操作分组 ([a-z]{1,2}) 三次。

❖ 8.2.7 在 Python 中使用正则表达式语法

在 Python 中使用正则表达式时，是将其作为模式字符串使用的。例如，将匹配非数字的一个字符的正则表达式表示为模式字符串，可以写作：

```
'[^0-9]'
```

将匹配以字母 a 开头的单词的正则表达式转换为模式字符串，不能直接在其两侧添加引号定界符，需要将其中的“\”进行转义，可以写作：

```
'\\ba\\w*\\b'
```

正则表达式中用“\”表示转义，而 Python 中也用“\”表示转义，因而模式字符串中可能包括大量的“\”，为了避免不必要的麻烦，就需要使用原生字符串类型。原生字符串就是在模式字符串前加 r 或 R。例如，上面的模式字符串用原生字符串表示就是：

```
r'\bm\w*\b'
```

✦ 8.3 使用 re 模块实现正则表达式操作

Python 提供了 re 模块，用于实现正则表达式的操作，可以使用 re 模块提供的方法（如 search()、match()、findall() 等）进行字符串处理，也可以先使用 re 模块的 compile() 方法将模式字符串转换为正则表达式对象，然后再使用该正则表达式对象的相关方法来操作字符串。

☞ 提示

在使用 re 模块时，需要先用 import re 语句引入。

❖ 8.3.1 匹配字符串

匹配字符串可以使用 re 模块提供的 match()、search() 和 findall() 等方法。

➤ 1. 使用 match() 方法进行匹配

match() 方法用于从字符串的起始位置匹配，如果在起始位置匹配成功，则返回 Match 对象，否则返回 None，语法格式如下。

```
re.match(pattern,string,[flags])
```

参数说明如下。

pattern：表示模式字符串，由要匹配的正则表达式转换而来。

string：表示要匹配的字符串。

flags：可选参数，表示标志位，用于控制匹配方式，如是否区分字母大小写、多行匹配等。常用的标志如下。

(1) I 或 IGNORECASE：执行不区分字母大小写的匹配。

(2) M 或 MULTILINE：将 ^ 和 $ 用于包括整个字符串的开始和结尾的每一行（在默认情况下，仅适用于整个字符串的开始和结尾处）。

(3) S 或 DOTALL：使用“.”字符匹配所有字符，包括换行符。

(4) X 或 VERBOSE：忽略模式字符串中未转义的空格和注释。

【例 8.1】

匹配字符串是否以“lo”开头，不区分大小写，代码如下。

```
01  import re
02  pattern=r'lo\w+'                    # 模式字符串
03  string='Logo logo'                       # 要匹配的字符串
04  match=re.match(pattern,string,re.I) # 匹配字符串，不区分大小写
05  print(match)                             # 输出匹配结果
06  string='标识语 Logo logo'
07  match=re.match(pattern,string,re.I) # 匹配字符串，不区分大小写
08  print(match)                             # 输出匹配结果
```

执行上述程序，其输出结果显示如下。

```
<re.Match object; span=(0, 4), match='Logo'>
None
```

从例 8.1 的执行结果中可以发现，字符串“Logo”是以“lo”开头的，所以返回一个匹配对象，而字符串“标识语 Logo”不是以“lo”开头的，所以返回“None”。这就是因为 match() 方法用于从字符串的起始位置匹配，如果第一个字母不符合条件，就不再进行匹配，直接返回 None。

➤ 2. 使用 search() 方法进行匹配

search() 方法用于在整个字符串中搜索第一个匹配的值，如果在起始位置匹配成功，则返回 Match 对象，否则返回 None，语法格式如下。

```
re.search(pattern,string,[flags])
```

【例 8.2】

搜索第一个以“lo”开头的字符串，不区分字母大小写，代码如下。

```
01  import re
02  pattern=r'lo\w+'                        # 模式字符串
03  string='Logo logo'                          # 要匹配的字符串
04  match=re.search(pattern,string,re.I) # 搜索字符串，不区分大小写
05  print(match)                                # 输出匹配结果
06  string='标识语 Logo logo'
07  match=re.search(pattern,string,re.I) # 搜索字符串，不区分大小写
08  print(match)                                # 输出匹配结果
```

执行上述程序，其输出结果显示如下。

```
<re.Match object; span=(0, 4), match='Logo'>
<re.Match object; span=(3, 7), match='Logo'>
```

从例 8.2 的执行结果中可以发现，search() 方法不仅是在字符串的起始位置搜索，其他位置有符合的匹配也可以搜索。

➤ 3. 使用 findall() 方法进行匹配

findall() 方法用于在整个字符串中搜索所有符合正则表达式的字符串，并以列表的形式返回。如果匹配成功，则返回包含匹配结构的列表，否则返回空列表。语法格式如下。

```
re.findall(pattern,string,[flags])
```

【例 8.3】

搜索以“lo”开头的字符串，不区分字母大小写，代码如下。

```
01  import re
02  pattern=r'lo\w+'                          # 模式字符串
03  string='Logo logo'                        # 要匹配的字符串
04  match=re.findall(pattern,string,re.I)  # 搜索字符串，不区分大小写
05  print(match)                               # 输出匹配结果
06  string='标识语 Logo logo'
07  match=re.findall(pattern,string)          # 搜索字符串，区分大小写
08  print(match)                               # 输出匹配结果
```

执行上述程序，其输出结果显示如下。

```
['Logo', 'logo']
['logo']
```

【例 8.4】

如果在指定的模式字符串中包含分组，则返回与分组匹配的文本列表，代码如下。

```
01  import re
02  pattern=r'([1-9]{1,3}(\.[0-9]{1,3}){3})'  # 模式字符串
03  string='171.15.60.152 42.236.10.93'        # 要配置的字符串
04  match=re.findall(pattern,string)           # 进行模式匹配
05  for item in match:
06  print(item[0])
```

执行上述程序，其输出结果显示如下。

```
171.15.60.152
42.236.10.93
```

❖ 8.3.2 替换字符串

sub() 方法用于实现字符串替换，语法格式如下。

```
re.sub(pattern,repl,string,count,flags)
```

【例 8.5】

要隐藏房间客人的手机号码，代码如下。

```
01  import re
02  pattern=r'1[78]\d{9}'
03  string='房间号是：123 手机号是：18711111111'
04  result=re.sub(pattern,'1xxxxxxxxxx',string)
05  print(result)
```

执行上述程序，其输出结果显示如下。

```
房间号是：123 手机号是：1xxxxxxxxxx
```

❖ 8.3.3 使用正则表达式分隔字符串

split() 方法用于实现根据正则表达式分隔字符串，并以列表的形式返回，语法格式如下。

```
re.split(pattern,string,[maxsplit],[flags])
```

【例 8.6】

```
01  import re
02  pattern=r'[\s\,\;]+'
03  hm='ab,c,f;d  e,,h'
04  result=re.split(pattern,hm)
05  print(result)
```

执行上述程序，其输出结果显示如下。

```
['ab', 'c', 'f', 'd', 'e', 'h']
```

第九章 异常处理及程序调试

在 C 语言和 Java 语言中，编译器可以捕获多种语法错误。但在 Python 中，只有程序运行后才会执行语法检查，所以只有在运行或测试程序时，我们才能知道这个程序是否能够正常运行。因此，掌握一定的异常处理语句和程序调试方法是十分必要的。接下来，我们将通过本章节了解常用的异常处理语句并学习如何使用 IDLE 和 assert 语句进行程序调试。

✦ 9.1 异常的基本概念

在程序运行过程中，经常会遇到各种错误，这些错误统称为“异常”。其中，一部分“异常”是由开发者输入错误导致的，这类错误多数产生的是 SyntaxError:invalid syntax（无效的语法），这将直接导致程序无法运行。

在初学 Python 时最容易犯的错误就是 Python 的语法错误，见下面两个例子。

【例 9.1】

```
01  #! /usr/bin/env python3
02
03  # 错误示例
04
05  print while true:
```

运行结果，如图 9.1 所示。

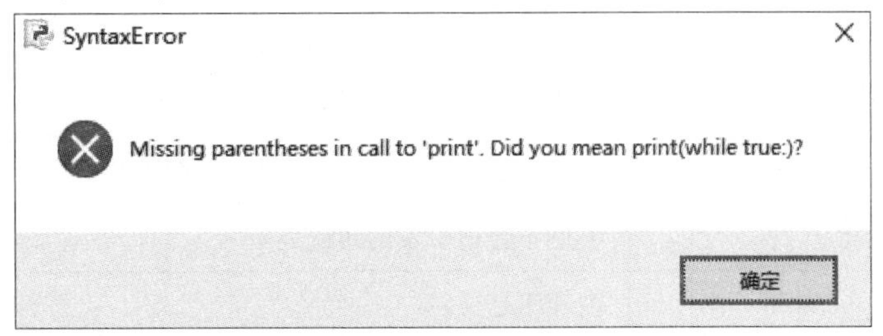

图 9.1 语法错误

这是一个典型的语法错误。在 Python 中，如果错误信息是以“SyntaxError”开头，这就说明 Python 解释器认为这是一个语法错误，同时 Python 会指出在哪个文件第几行的第几个字符开始出错（虽然有时候位置并不准确）。语法错误通常意味着我们使用的 Python 书写格式或者使用方式是不正确的，Python 不会完整运行带有语法错误的程序。这时候我们只需按照提示查阅 Python 基础语法，修改相关错误内容即可。

【例 9.2】

```
01  #! /usr/bin/env python3
02
03  # 错误示例
04  "1"+ 0
```

运行结果，如图 9.2 所示。

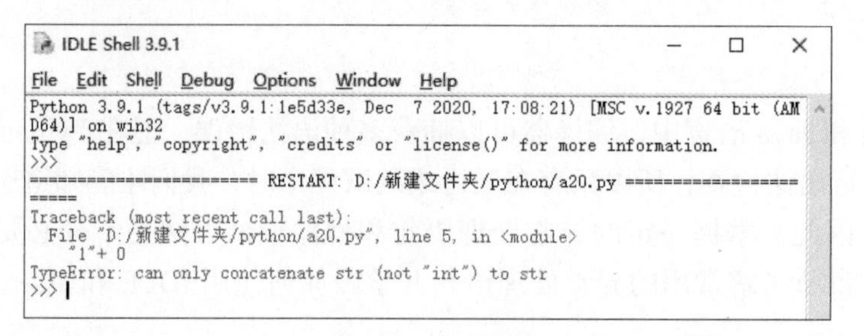

图 9.2 类型错误

例 9.2 输出“TypeError”，并说明 str 类型不能和 int 类型串联。

异常有多种形式，除上述的语法错误和类型错误外，较为常见的异常，如表 9.1 所示。

表 9.1 常见的异常类型

异常	描述
NameError	试图访问的变量名不存在
IndexError	索引超出序列范围引发的错误
IndentationError	缩进的错误
ValueError	传入的值错误
KeyError	请求一个不存在的字典关键字引发的错误
IOError	输入输出错误（如要读取的文件不存在）
ImportError	当 import 语句无法找到模块或 from 无法在模块中找到相应的名称时引发的错误
AttributeError	尝试访问未知的对象属性引发的错误
TypeError	类型不合适引发的错误
MemoryError	内存不足
ZeroDivisionError	除数为 0 引发的错误
BaseException	所有异常的基类
SystemExit	解释器请求退出
KeyboardInterrupt	用户中断执行
Exception	常规错误的基类

续表

异常	描述
StopIteration	迭代器没有更多的值
GeneratorExit	生成（Generator）发生异常来通知退出
ArithmeticError	所有数值计算错误的基类
FloatingPointError	浮点计算错误
OverflowError	数值运算超出最大限制
AssertionError	断言语句失败
EOFError	没有内建输入，到达 EOF 标记
EnvironmentError	操作系统错误的基类
OSError	操作系统错误
LookupError	无效数据查询的基类
UnboundLocalError	访问未初始化的本地变量
ReferenceError	弱引用（Weak Reference）试图访问已经垃圾回收了的对象
RuntimeError	一般的运行时错误
NotImplementedError	尚未实现的方法
SyntaxError	Python 语法错误
TabError	Tab 和空格混用
SystemError	一般的解释器系统错误
UnicodeError	Unicode 相关的错误
UnicodeDecodeError	Unicode 解码时的错误
UnicodeEncodeError	Unicode 编码时的错误
UnicodeTranslateError	Unicode 转换时的错误
Warning	警告的基类
DeprecationWarning	关于被弃用的特征的警告
FutureWarning	关于构造将来语义会有改变的警告
PendingDeprecationWarning	关于特性将会被废弃的警告
RuntimeWarning	可疑的运行时行为（Runtime Behavior）的警告
SyntaxWarning	可疑的语法的警告
UserWarning	用户代码生成的警告

9.2 异常处理语句

在程序开发时，有些错误并不是每次运行都会出现，只要输入的数据符合程序的要求，程序就可以正常运行，否则将抛出异常并停止运行。这时，就需要在开发程序时对出现异常的情况进行处理。下面将详细介绍 Python 提供的异常处理语句。

9.2.1 try...except 语句

在 Python 中，提供了 try...except 语句捕获并处理异常。在使用时，把可能产生异常的代码放在 try 语句块中，把处理结果放在 except 语句块中，这样当 try 语句块中的代码出现错误，就会执行 except 语句块中的代码，如果 try 语句块中的代码没有错误，那么 except 语句块将不会执行，其语法格式如下。

```
01  try:
02      block1
03  except[ExceptionName[as alias]]:
04      block2
```

参数说明如下。

block1：表示可能出现错误的代码块。

ExceptionName[as alias]：可选参数，用于指定要捕获的异常。其中，ExceptionName 表示要捕获的异常名称，如果在其右侧加上 as alias，则表示为当前的异常指定一个别名，通过该别名，可以记录异常的具体内容。

block2：表示进行异常处理的代码块。在这里可以输出固定的提示信息，也可以通过别名输出异常的具体内容。

下面将举例说明 try...except 语句的实际用法。

【例 9.3】

```
01  #! /usr/bin/env python3
02
03  while True:
04      try:
05          number = int(input(" 请输入一个数字：")) 
06      except KeyError:
07          print("KeyError")
08      except ValueError:
09          print("ValueError")
10      except KeyboardInterrupt:
11          print(" 用户终止，退出程序 ")
12          exit()
13      except Exception as e:
14          print(" 未知错误 ",e)
```

这是一个典型的处理异常的例子。Python 语言使用保留字 try 和 except 进行异常处理。基本语法格式如下：

```
01  try:
02      <语句块 1>
03  except:
04      <语句块 2>
```

如果有多个 except，那么 Python 解释器会逐个匹配 except 后的异常类型，如果匹配到则运行相应的处理异常的语法块，如果没有匹配到则输出异常并退出程序。

一般在 Python 程序最后一行会给出包含异常处理类型描述的提示，如 NameError、ZeroDivisionError。也可以对特定的错误类型进行异常精准处理，如在 except 后指明错误类型的基本语法格式：

```
01  try:
02      <语句块 1>
03  except<异常处理类型>:
04      <语句块 2>
```

❖ 9.2.2 try...except...else 语句

try...except...else 语句的工作原理大致如下：在原来 try...except 语句的基础上再添加一个 else 子句。有时候，有一些仅在 try 代码块成功执行时才需要运行的代码，这些代码应放在 else 代码块中。与 else 代码块不同的是，except 代码块告诉 Python，如果它尝试运行 try 代码块中的代码时引发了指定的异常该怎么办。通过预测可能发生错误的代码，可编写健壮的程序，它们即便面临无效数据或缺少资源，也能继续运行，从而能够减少无意的用户错误和抵御恶意的攻击。

【例 9.4】

```
01  a=10
02  b=0
03  try:
04      c = b/ a
05      print('c')
06  except (IOError ,ZeroDivisionError),x:
07      print x
08  else:
09      print("no error")
10  print ("done")
```

运行结果，如图 9.3 所示。

```
IDLE Shell 3.9.1
File Edit Shell Debug Options Window Help
Python 3.9.1 (tags/v3.9.1:1e5d33e, Dec  7 2020, 17:08:21) [MSC v.1927 64 bit (AMD64)] on win32
Type "help", "copyright", "credits" or "license()" for more information.
>>>
======================= RESTART: D:/新建文件夹/python/a11.py =======================
c
noerror
done
>>>
```

图 9.3 运行结果

使用了 try...except...else 异常处理机制之后，当用户输入不是整数时，try 就可以捕获到异常，并在 except 中处理该异常，提醒用户输入整数。

❖ 9.2.3 try...except...finally 语句

完整的异常处理语句应该包含 finally 代码块，在通常情况下，无论程序中有无异常产生，finally 代码块中的代码都会被执行，其语法格式如下。

```
01  try:
02      block1
03  except [ExceptionName[as alias]]:
04      block2
05  finally:
06      block3
```

如果程序中有一些在任何情形中都必须执行的代码，那么就可以把它们放在 finally 语句的代码块中。

【例 9.5】

```
01  a=10
02  b=0
03  try:
04      print (a/b)
05  finally:
06      print('always excute')
```

运行结果，如图 9.4 所示。

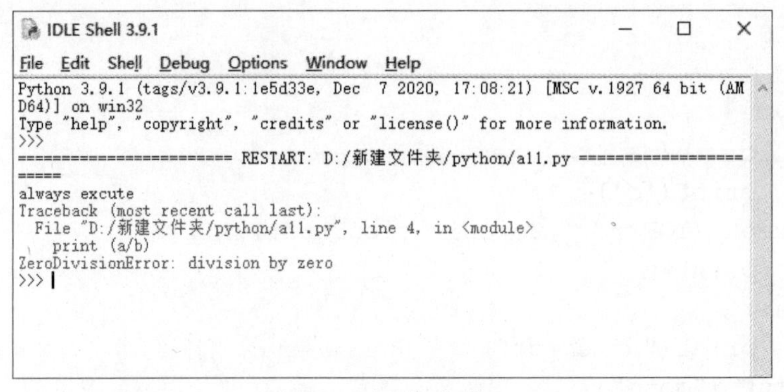

图 9.4 运行结果

从例 9.5 的运行结果中可以发现，由于异常是“ZeroDivisionError”，所以 except 并不能捕获相关的异常，程序报错退出，但是我们仍然可以看到 finally 子句中的代码执行了。无论 try 子句中是否发生异常，finally 子句都会被执行。这个特点在以后的数据库和文件处理中具有很大作用。

❖ 9.2.4 使用 raise 语句抛出异常

如果某个函数或方法可能会产生异常，但不想在当前函数或方法中处理这个异常，那么在 Python 中我们也可以主动抛出异常。使用 raise 语句可以在 Python 中抛出一个指定的异常。

【例 9.6】

```
01   #! /usr/bin/env python3
02
03   raise Exception("错误信息")
```

例 9.6 在运行中抛出异常会提示用户“错误信息”，Exception 的参数“错误信息”可以省略，如果省略，则在抛出异常时，不附带任何描述信息。

✦ 9.3 使用 IDLE 和 assert 语句进行程序调试

❖ 9.3.1 使用 Python 自带的 IDLE 进行程序调试

(1) 打开 IDLE Shell，并在 IDLE Shell 中单击菜单栏 Debug 中的 Debugger，如图 9.5 所示。

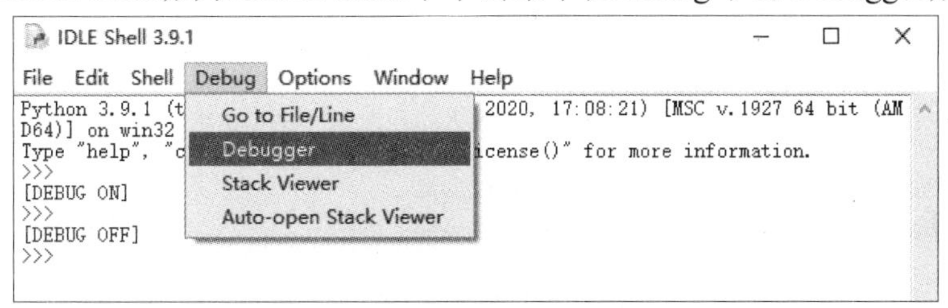

图 9.5 单击菜单栏 Debug 中的 Debugger

之后，会弹出 Debug Control 对话框（此时该对话框是空白的），如图 9.6 所示。

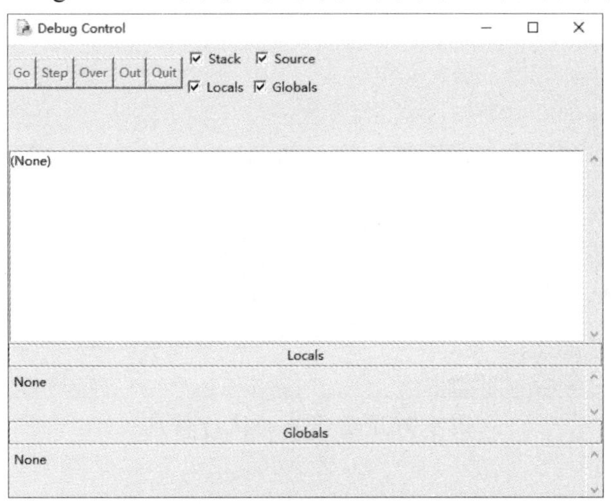

图 9.6 弹出 Debug Control 对话框

(2) 从 IDLE Shell 中打开想要调试的 .py 文件，选中某行，右键设置断点，如图 9.7 所示。

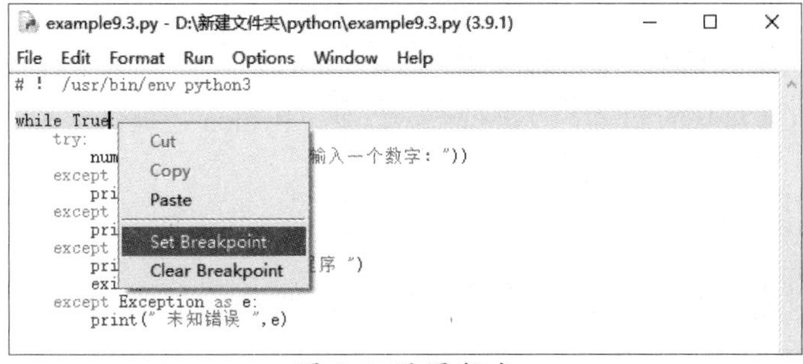

图 9.7 设置断点

(3) 添加所需的断点后，单击菜单栏 Run 中的 Run Module，运行 .py 文件，如图 9.8 所示。

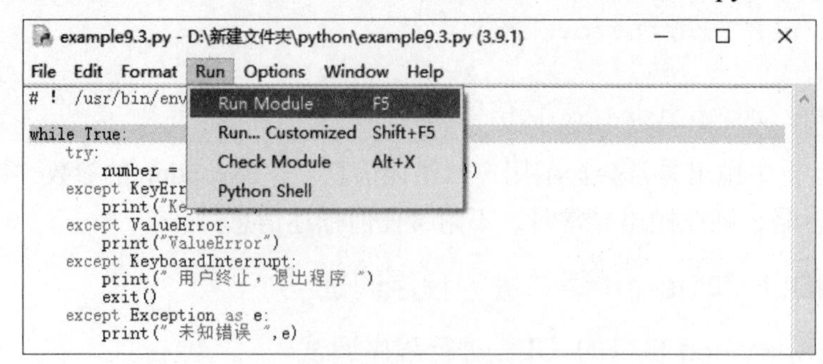

图 9.8 运行文件

(4) Debug Control 对话框中将显示程序的执行信息，如图 9.9 所示。

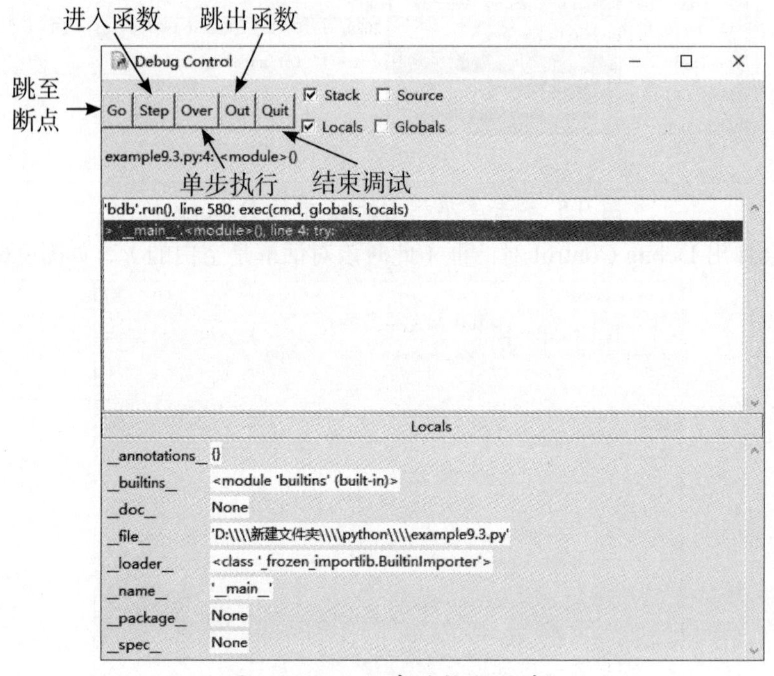

图 9.9 显示程序的执行信息

注意

.py 文件需要运行在与已经打开了 debug 的 IDLE Shell 中，如果运行的时候又新打开了一个 IDLE Shell，debug 将不能捕获到运行信息。

❖ 9.3.2 使用 assert 语句进行程序调试

除了使用 IDLE 自身的调试工具进行调试以外，Python 还提供了 assert 语句，也可以用来调试程序。

assert 语句的语法格式如下。

```
assert 条件表达式 [, 描述信息 ]
```

assert 语句的作用是：当条件表达式的值为真时，该语句什么也不做，程序正常运行；

反之，若条件表达式的值为假，则 assert 会抛出 AssertionError 异常。其中，[, 描述信息] 作为可选参数，用于对条件表达式可能产生的异常进行描述。

【例 9.7】

```
01  s_age = input("请输入您的年龄 :")
02  age = int(s_age)
03  assert 20 < age < 80 , "年龄不在 20-80 之间"
04  print("您输入的年龄在 20 和 80 之间")
```

运行结果，如图 9.10 所示。

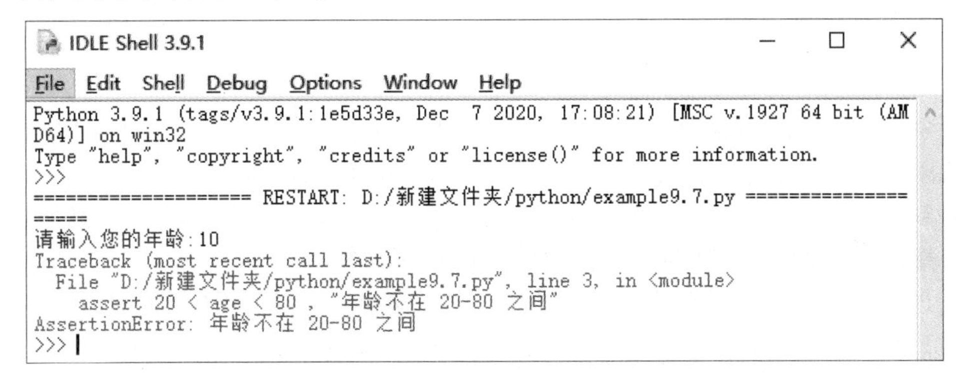

图 9.10 运行结果

通过例 9.7 运行结果可以发现，当 assert 语句中条件表达式的值为假时，程序将抛出异常，并附带异常的描述性信息，与此同时，程序立即停止执行。

通常情况下，assert 语句可以和 try...except 异常处理语句配合使用。

【例 9.8】

```
01  try:
02      s_age = input("请输入您的年龄 :")
03      age = int(s_age)
04      assert 20 < age < 80 , "年龄不在 20-80 之间"
05      print("您输入的年龄在 20 和 80 之间")
06  except AssertionError as e:
07      print("输入年龄不正确",e)
```

运行结果，如图 9.11 所示。

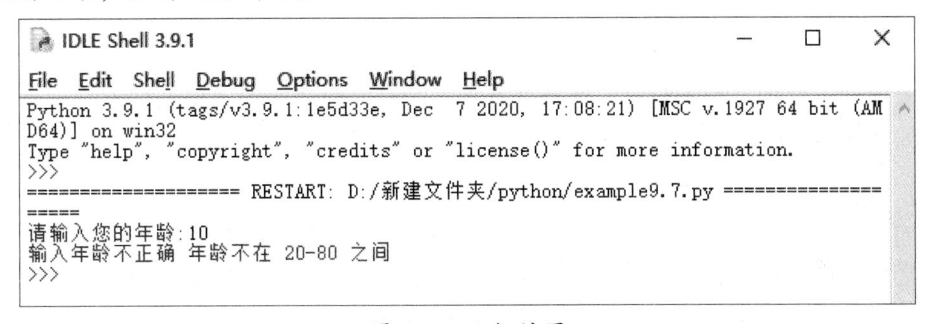

图 9.11 运行结果

第十章 面向对象程序设计

10.1 面向对象介绍

10.1.1 对象

对象 (Object) 是一种抽象概念，表示客观世界存在的任意实物，现实世界中能够看到的、触碰到的都可以称为对象，如人、大象、小猫、桌子、鞋……。

对象通常分为两个部分，即静态部分与动态部分。静态部分为“属性”，任何对象都具备自身属性；动态部分为“行为”，即对象执行的动作。

在 Python 中，一切都是对象，即不仅是指具体的事物，字符串、函数等也可以成为对象，这说明 Python 天生就是面向对象的。

10.1.2 类

具有相同属性和行为的一类实体被称为类，类是封装对象的属性和行为的载体。例如，人就是一种类，对象为人的属性包括了身高、年龄、体重、姓名等，也具有吃饭、睡觉、运动等行为，如图 10.1 所示。

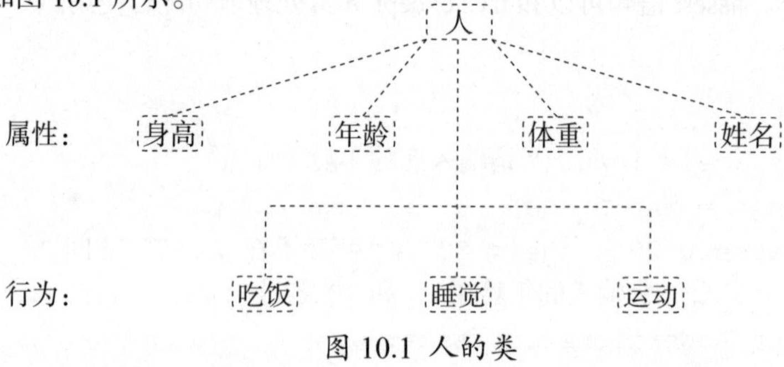

图 10.1 人的类

在 Python 中，类是一种抽象概念，可以定义每个对象共有的属性和方法，对象是类的实例。

10.1.3 面向对象程序设计的特点

对象含义主要指万物皆对象；类是具有相同的属性和功能的对象的抽象的集合；对象就是类的实例。面向对象程序设计共有三个基本特征：封装、继承和多态。

1. 封装

在面向对象程序设计中，封装是指把数据和实现操作的代码集中起来放在对象内部，对不可信的进行信息隐藏，使得代码模块化，保护数据不被其它的函数意外的修改。且从对象外面不能直接访问对象的属性，只能通过和该属性对应的方法访问。

2. 继承

继承，一种对类进行分层划分的概念。继承的基本思想是在一个类的基础上制定出一个新的类，这个新的类不仅可以继承原来的类的属性和方法，还可以增加新的属性和方法，扩展已存在的代码模块（类），实现代码重用。一般情况下，一个子类只能有一个父类。子类覆盖父类必须保证子类权限大于父类权限。

在 Python 中定义子类的语法如下。

```
01   class SubClass(BaseClass1,BaseClass2):
02       语法块
```

定义要从哪个父类继承，只需在定义子类的名字后面的括号中填入父类名字，如果有多个父类则用“，”隔开。

【例 10.1】

```
01  #! /usr/bin/env python3
02
03  class Animal:
04      def__init__(self, name):
05          self.name = name
06
07      def play(self):
08          print("你是", self.name)
09
10  class Dog(Animal):
11      pass
12
13  dog = Dog("旺财")
14  dog.play()
```

运行结果，如图 10.2 所示。

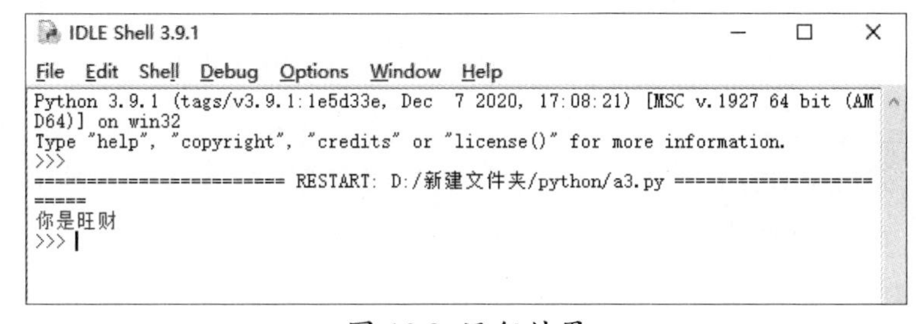

图 10.2 运行结果

从例 10.1 可以发现，在“Animal”中我们定义了 name 属性和 play 方法，但是在“Dog”类中什么都没有定义。由于“Dog”是从“Animal”继承下来的子类，所以“Dog”同样拥有 name 属性和 play 方法。

3. 多态

将父类对象应用于子类的特征就是多态。即“一个接口，多种方法”，同一操作作用于不同的对象，可以有不同的解释，产生不同的执行结果。多态可实现接口重用。

【例 10.2】

```
01  class Animal:
02      def say(self):
03          print("Animal")
04
05  class Dog(Animal):
06      def say(self):
07          print("Dog")
08
09  class Cat(Animal):
10      def say(self):
11          print("Cat")
12
13  dog=Dog()
14  dog.say()
15
16  cat=Cat()
17  cat.say()
```

执行上述程序，其输出结果显示如下。

```
Dog
Cat
```

从例 10.2 的输出结果中可以发现，当子类和父类存在相同的方法时，子类的方法会覆盖父类的方法，这样代码在运行时总是会调用子类的方法，这就是多态。

✦ 10.2 类的定义和使用

❖ 10.2.1 类的定义

在 Python 中，类的定义是用 class 来实现的，其语法格式如下。

```
01  class ClassName:                 # 指定类名
02  '''类的帮助信息'''               # 类文档字符串
03      Statement                        # 类体
```

参数说明如下。

ClassName：用于指定类名，一般使用大写字母开头，如果类名中包括两个单词，第二个单词的首字母也大写，这种命名方法也成为了“驼峰式命名法”，这是惯例。当然，也可以根据自己的习惯命名。

'''类的帮助信息'''：用于指定类的文档字符串，定义该字符串后，在创建类的对象时，输入类名和左侧的括号“(”后，将显示该信息。

Statement：类体主要由类变量（或类成员）、方法和属性等定义语句组成。如果在定

义类时，没想好类的具体功能，也可以在类体中直接使用 pass 语句代替。

父类、子类以及调用父类代码如下。

```
01  #!/usr/bin/env python3
02  class AddBook(object):                          # 父类
03      def __init__(self, name, phone):
04          self.name = name
05          self.phone = phone
06
07      def get_phone(self):
08          return self.phone
09  class EmplEmail(AddBook):                        # 子类，继承
10      def __init__(self, nm, ph, email):
11          # AddBook.__init__(self, nm, ph)         # 调用父类方法一
12         super(EmplEmail, self).__init__(nm, ph)  # 调用父类方法二
13          self.email = email
14
15      def get_email(self):
16          return self.email
17  if __name__ == "__main__":                       # 调用
18      Detian = AddBook('handetian', '18210413001')
19      Meng = AddBook('shaomeng', '18210413002')
20
21      print 'Detian.get_phone()'
22      print ('AddBook.get_phone(Meng)')
23
24     alice = EmplEmail('alice', '18210418888', 'alice@xkops.
com')
25      print alice.get_email(), alice.get_phone()
```

❖ 10.2.2 创建 _ _init_ _() 方法

在创建类后，类通常会自动创建一个 _ _init_ _() 方法，该方法是一个特殊的方法，类似 Java 中的构造方法。每当创建一个类的新实例时，Python 都会自动执行它。_ _init _ _() 方法必须包含一个 self 参数，并且必须是第一个参数。self 参数是一个指向实例本身的引用，用于访问类中的属性和方法。在方法调用时会自动传递实际参数 self。因此，当 _ _init_ _() 方法只有一个参数时，在创建类的实例时，就不需要指定实际参数了。

```
01  class People:
02      def __init__(self,name,sex,age):
03          self.name = name
04          self.sex = sex
```

```
05          self.age = age
```

上面的代码建立了一个“人”的类，这个类的实例（也就是创建的人）具有姓名、性别和年龄这三个属性，在一个类中，如果存在 _ _ init_ _() 方法，那么这个类在创建一个实例时，会自动首先调用 _ _init_ _() 方法。

在创建实例对象时，实例对象会作为 self 这个参数传进去。

现在很好理解了 self.name = name 就是让实例的 name 这个属性接受 name 这个形参的值。

注意

在 _ _init_ _() 方法的名称中，开头和结尾处是两个下划线，这是一种约定，是为了区分 Python 默认方法和普通方法。在本书正文中两个下划线之间空了一格，是为了便于读者区分，实际在输入代码时不需要加空格。

10.3 属性

1. 属性存在的意义

(1) 访问属性时可以制造出和访问字段完全相同的假象，属性由方法衍生而来，如果 Python 中没有属性，方法完全可以代替其功能。

(2) 定义属性可以动态获取某个属性值，属性值由属性对应的方式实现，应用更灵活。

(3) 可以制订自己的属性规则，用于防止他人随意修改属性值。

2. 操作类属性的三种方法

(1) 使用 @property 装饰器操作类属性。

```
01  class Demo:
02      @property
03      def methodname(self):
04          block
```

参数说明如下。

methodname: 用于指定方法名，一般使用小写字母开头。该名称最后将作为创建的属性名。

self：必要参数，表示类的示例。

block：方法体，表示实现的具体功能。在方法体中，通常以 return 语句结束，用于返回计算结果。

定义时，在普通方法的基础上添加 @property 装饰器，属性仅有一个 self 参数，调用时无须括号。该方法的优点包括：

① @property 装饰器可以实现其他语言所拥有的 getter、setter 和 deleter 的功能。

②通过 @property 装饰器可以对属性的取值和赋值加以控制，提高代码的稳定性。

【例 10.3】

```
01  class Animal(object):
02      def __init__(self, name, age):
03          self._name = name
```

```
04          self._age = age
05          self._color = 'Black'
06
07      @property
08      def name(self):
09          return self._name
10
11      @name.setter
12      def name(self, value):
13          if isinstance(value,str):
14              self._name = value
15          else:
16              self._name = 'No name'
17
18      @property
19      def age(self):
20          return self._age
21
22      @age.setter
23      def age(self, value):
24          if value > 0 and value < 100:
25              self._age = value
26          else:
27              self._age = 0
28
29      @property
30      def color(self):
31          return self._color
32
33      @color.setter
34      def color(self, value):
35          self._color = value;
36
37  a = Animal('black dog', 3)
38  a.name = 'white dog'
39  a.age = 300
40  print('Name:', a.name)
41  print('Age:', a.age)
```

运行结果，如图 10.3 所示。

```
IDLE Shell 3.9.1
File  Edit  Shell  Debug  Options  Window  Help
Python 3.9.1 (tags/v3.9.1:1e5d33e, Dec  7 2020, 17:08:21) [MSC v.1927 64 bit (AM
D64)] on win32
Type "help", "copyright", "credits" or "license()" for more information.
>>>
========================= RESTART: D:/新建文件夹/python/a.py ===================
======
Name: white dog
Age: 0
>>> |
```

图 10.3 运行结果

提示

python 3 里已经没有 basestring 类型，用 str 代替了 basestring。

(2) 使用类或实例直接操作类属性。

这种方法的缺点是对类的属性没有操作控制规则，容易被人修改。

【例 10.4】

```
01  #coding=utf-8
02  class Employee (object):
03                                                  # 所有员工基类
04      empCount = 0
05      def __init__(self, name, salary) :
06                                                  # 类的构造函数
07          self.name = name
08          self.salary = salary
09          Employee.empCount += 1
10      def displayCount(self) :
11                                                  # 类方法
12          print ("total employee ",Employee.empCount)
13      def displayEmployee(self) :
14           print ("name :",self.name , ", salary :", self.
    salary)
15
16                                                  # 创建 Employee 类的实例对象
17  emp1 = Employee(" 丽丽 ", 10000)
18  emp1.displayCount()
19  emp1.displayEmployee()
20  emp1.salary = 20000                             # 修改属性 salary
21  print (emp1.salary)
22  emp1.age = 25                                   # 添加属性 age
23  print (emp1.age)
24  del emp1.age                                    # 删除 age 属性
```

运行结果，如图 10.4 所示。

```
IDLE Shell 3.9.1
File Edit Shell Debug Options Window Help
Python 3.9.1 (tags/v3.9.1:1e5d33e, Dec  7 2020, 17:08:21) [MSC v.1927 64 bit (AMD64)] on win32
Type "help", "copyright", "credits" or "license()" for more information.
>>>
======================== RESTART: D:/新建文件夹/python/a4.py ========================
total employee 1
name:  丽丽 ,salary:  10000
20000
25
>>>
```

图 10.4 运行结果

注意

在 Python 中所有的对象允许动态的添加属性或者方法，当类添加属性之后，类的实例同样能够访问该对象，如果修改了类的 __class__ 的属性或者方法，那么该类对象的实例同样也具有该类的方法或者属性。

(3) 使用 Python 内置函数操作属性。

① getattr(obj,name[,default])：访问对象的属性，如果不存在返回对象属性的值，则会抛出 AttributeError 异常。

② hasattr(obj,name)：检查是否存在某个属性，存在返回 True，否则返回 False。

③ setattr(obj,name,value)：设置一个属性。如果属性不存在，会创建一个新属性，该函数无返回值。若存在则更新这个值。

④ delattr(obj, name)：删除属性，如果属性不存在则抛出 AttributeError 异常，该函数也无返回值。

【例 10.5】

```
01  #encoding=utf-8
02  class Employee(object):
03      # 所有员工基类
04      empCount=0
05      def __init__(self,name,age,salary):
06      # 类的构造函数
07          self.name=name
08          self.salary=salary
09          self.age=age
10          Employee.empCount+=1
11
12      def displayCount(self):
13  # 类方法
14          print("total employee",Employee.empCount)
```

```
15
16      def displayEmployee(self):
17          print("name:",self.name,"age:",self.
    age,",salary:",self.salary)
18
19  # 创建 Employee 类的实例对象
20  emp1=Employee("Rose",27,20000)
21
22  # 判断实例对象是否存在某个属性，存在返回 True，否则返回 False
23  if hasattr(emp1,'name'):
24      name_value=getattr(emp1,'name')
25      print( "name 的属性值为: ",name_value)
26  else:
27      print ("员工属性不存在")
28
29  # 给实例添加一个属性
30  if hasattr(emp1,'tel'):
31      print ("员工属性已存在")
32  else:
33      setattr(emp1,'tel','13911111111')
34      t1=getattr(emp1,'tel')
35      print("tel 的属性值为: ",t1)
36      setattr(emp1,'tel','13211111111')
37      t2=getattr(emp1,'tel')
38      print("tel 修改后的属性值为: ",t2)
39
40  # 给实例删除一个属性
41  if hasattr(emp1,'age'):
42      delattr(emp1,'age')
43  else:
44      print ("员工 tel 属性不存在")
45
46  # 验证属性是否删除成功
47  if hasattr(emp1,'age'):
48      print( "属性 age 存在! ")
49  else:
50      print ("属性 age 不存在! ")
```

运行结果，如图 10.5 所示。

```
IDLE Shell 3.9.1
File Edit Shell Debug Options Window Help
Python 3.9.1 (tags/v3.9.1:1e5d33e, Dec  7 2020, 17:08:21) [MSC v.1927 64 bit (AM
D64)] on win32
Type "help", "copyright", "credits" or "license()" for more information.
>>>
======================= RESTART: D:/新建文件夹/python/a5.py ==================
=====
name的属性值为: Rose
tel的属性值为: 13911111111
tel修改后的属性值为: 13211111111
属性age不存在!
>>>
```

图 10.5 运行结果

10.4 继承

10.4.1 继承的基本语法

继承允许我们在定义一个类时，让该类继承另一个类的所有方法和属性。

父类是被继承的类，也称为基类；子类是继承父类的类，也称为派生类。

继承概念的实现方式主要有两类：实现继承、接口继承。

(1) 实现继承是指使用基类的属性和方法而无须额外编码的能力。

(2) 接口继承是指仅使用属性和方法的名称、但是子类必须提供实现的能力（子类重构父类方法）。

```
01  class Person(object):
02
03      def __init__(self, name, age):
04          self.name=name
05          self.age=age
06          self.weight='weight'
07
08      def talk(self):
09          print("person is talking....")
10
11  class Chinese(Person):
12
13      def __init__(self,name,age,language):# 先继承，再重构
14                  Person.__init__(self,name,age)# 继承父类的
    构造方法，也可以写成：super(Chinese,self).__init__(name,age)
15          self.language=language          # 定义类的本身属性
16      def walk(self):
17          print('is walking...')
18
19  class American(Person):
20      pass
21
22  c=Chinese('bigberg',22,'Chinese')
```

在上面的程序中，如果我们只是简单地在子类 Chinese 中定义一个构造函数，其实就是在重构。这样，子类就不能继承父类的属性了。因此，在定义子类的构造函数时，要先继承再构造，这样就能获取父类的属性了。

❖ 10.4.2 方法重写

当我们调用一个对象的方法时，会优先去当前对象中寻找是否具有该方法，如果有则直接调用，如果没有则去对象的父类中寻找，如果父类中有则直接调用父类中的方法，如果还是没有则去父类中的父类中寻找，以此类推，直到找到 object，如果始祖父类也没有，就会报错。

【例 10.6】

```
01  class Animal:
02      def run(self):
03          print('动物会跑~~~')
04
05      def sleep(self):
06          print('动物睡觉~~~')
07
08  class Dog(Animal):
09      def bark(self):
10          print('汪汪汪~~~')
11
12      def run(self):
13          print('狗跑~~~~')
14
15  d = Dog()
16  d.run()
```

运行结果，如图 10.6 所示。

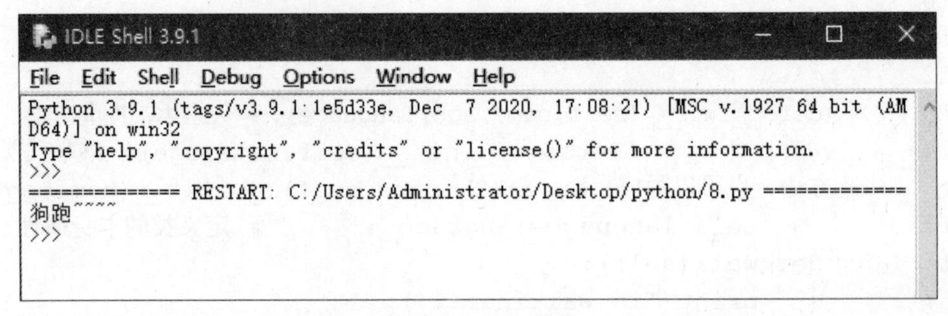

图 10.6 运行结果

第十一章 模块

✦ 11.1 模块的概念

Python 中的模块，即 Modules，可以认为是一盒积木，如果说前面第七章讲到的函数是一个积木，而模块可以包括很多的函数，等于有很多的积木聚集在一起，相当于一盒积木。

如果从 Python 解释器退出并再次进入，之前的定义（函数和变量）都会丢失。因此，如果想编写一个稍长些的程序，最好使用文本编辑器为解释器准备输入并将该文件作为输入运行。这被称作编写脚本 。随着程序变得越来越长，或许会想把它拆分成几个文件，以方便维护；或者想在不同的程序中使用一个便捷的函数，而不必把这个函数复制到每一个程序中去。

为解决这些问题，Python 有一种方法可以把定义放在一个文件里，并在脚本或解释器的交互式实例中使用它们。这样的文件被称作 Python 模块 ，模块中的定义可以导入到其他模块或者主模块（计算器模式下执行的脚本中可以访问的变量集合）。

✦ 11.2 自定义模块

在 Python 中，自定义模块有两个作用，一个作用是规范代码，让代码更容易阅读；另一个作用是方便其他程序使用已经编写好的代码，提高开发率。要实现自定义模块主要分为两部分，一部分是创建模块，另一部分是导入模块。

❖ 11.2.1 创建模块

模块是在函数和类的基础上将一系列代码组织到一起的集合体，在 Python 中，一个模块就是一个扩展名为 .py 的源程序文件。在一个模块内部，模块名（作为一个字符串）可以通过全局变量 __name__ 的值获得。

使用文本编辑器在当前目录下创建一个名为 fibo.py 的文件 (Fibonacci 为斐波那契数列)， 文件中的程序，如例 11.1 所示。

【例 11.1】

```
01  def fib(n):
02      a, b = 0, 1
03      while a < n:
04          print(a, end=' ')
05          a, b = b, a+b
06      print()
```

```
07
08  def fib2(n):   # return Fibonacci series up to n
09      result = []
10      a, b = 0, 1
11      while a < n:
12          result.append(a)
13          a, b = b, a+b
14      return result
```

注意

模块文件的扩展名必须是 .py。

此时，我们就已经成功建立了一个模块，在之后的编写代码中如果需要用到这样的定义（函数和变量）就不需要重复的输入，而是直接导入模块即可。

❖ 11.2.2 使用 import 语句和 from…import 语句导入模块

➤ 1. 使用 import 语句

模块创建完成后，其他程序就可以调用。使用模块时，先以模块的形式，用 import 语句来加载模块中的代码。其基本语法格式如下。

```
import modulename [as alias]
```

其中，modulename 为需要导入模块的名称，[as alias] 为给模块起的别名，通过该别名也可以使用模块。

【例 11.2】

进入 Python 解释器，并用以下命令导入上文建立的模块：

```
01  import fibo
02  fibo.fib(1000)
```

运行结果，如图 11.1 所示。

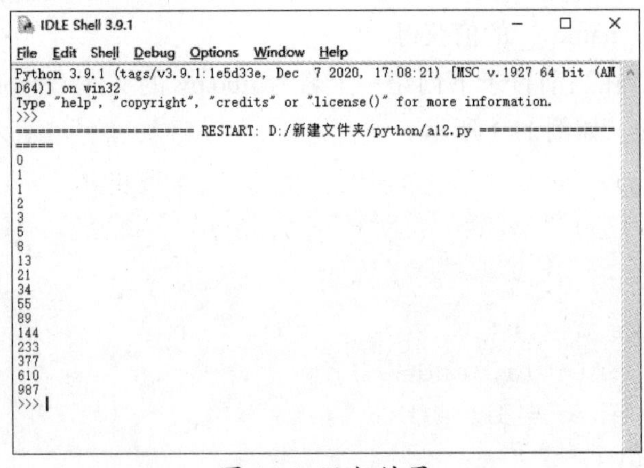

图 11.1 运行结果

如果想经常使用某个函数，可以把它赋值给一个局部变量。

【例 11.3】

```
01  fib = fibo.fib
02  fib(500)
```

运行结果，如图 11.2 所示。

```
IDLE Shell 3.9.1
File  Edit  Shell  Debug  Options  Window  Help
Python 3.9.1 (tags/v3.9.1:1e5d33e, Dec  7 2020, 17:08:21) [MSC v.1927 64 bit (AM
D64)] on win32
Type "help", "copyright", "credits" or "license()" for more information.
>>>
======================= RESTART: D:/新建文件夹/python/a12.py ==================
=====
0
1
1
2
3
5
8
13
21
34
55
89
144
233
377
>>>
```

图 11.2 运行结果

注意

模块一旦被调用，即相当于执行了另外一个 .py 文件里面的代码。不管执行了多少次 import，一个模块只会被导入一次。这样可以防止导入模块被一遍又一遍地执行。

2. 使用 from…import 语句

在使用 import 语句导入模块时，每执行一条 import 语句都会创建一个新的命名空间 (namespace)，并且在该命名空间中执行 .py 文件相关的语句。在执行时，需在具体的变量、函数和类名前加上“模块名”前缀。若不想在每次导入模块时都创建一个新的命名空间，而是将具体的定义导入当前的命名空间中，此时使用 from...import 语句导入模块，无需再添加前缀，就可以直接通过具体的变量、函数和类名等访问。

from…import 语句的语法格式如下。

```
from modelname import member
```

其中，modelname 是模块名称，区分字母大小写，需要和定义模块时设置的模块名称的大小写保持一致；member 为用于指定要导入的变量、函数和类等，可同时导入多项定义，各定义之间要使用逗号“，”分隔开，如果想导入前部定义，可以使用通配符星号“*”代替。

【例 11.4】

```
01  from fibo import fib, fib2
02  fib(500)
```

运行结果，如图 11.3 所示。

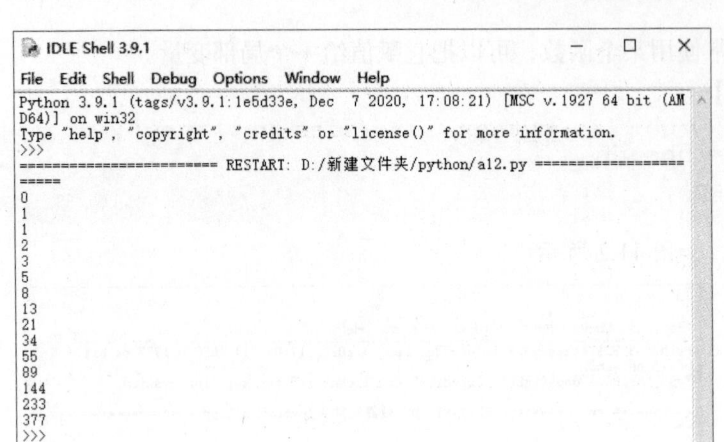

图 11.3 运行结果

例 11.4 声明不会把整个 fibo 模块导入到当前的命名空间中，它只会将 fibo 里的 fib 和 fib2 函数引入进来。

简单的模块一般倾向于使用 import, 而不是 from。在使用 from...import 语句导入模块中的定义时，需要保证所导入的内容在当前的命名空间中是唯一的，否则将出现冲突。

❖ 11.2.3 模块搜索路径

我们都知道，使用 Python 时，无论是使用第三方的模块（库），还是自己开发的模块，都需要先在代码中使用 import 来引入。对于初学者，经常会遇到的一个问题是在使用 import 时，Python 找不到相应的模块，于是编译器报 ImportError 错误。

当使用 import 语句导入模块时，默认情况下，会按照以下顺序进行查找：

(1) 在当前目录（即执行的 Python 脚本文件所在目录）下查找。

(2) 到 PYTHONPATH（环境变量）下的每个目录查找。

(3) 到 Python 的默认安装目录下查找。

以上各个目录的具体位置保存在标准模块 sys 的 sys.path 变量中，可以通过以下代码输出具体的目录：

```
01  import sys            # 导入标准模块 sys
02  print(sys.path)       # 输出具体目录
```

在 /root/ws 目录下建一个 hello.py 文件，内容如下。

```
01  def test():
02      print('hello')
03      return
```

然后我们在 /root 目录下，使用 python 命令行引入该模块：

```
01  import sys
02  sys.path
03   ['', '/usr/lib64/python3.9.1.zip', '/usr/lib64/
python3.9.1', '/usr/lib64/python3.9.1/plat-linux2', '/usr/lib64/
```

```
python3.9.1/lib-tk', '/usr/lib64/python3.9.1/lib-old', '/usr/
lib64/python3.9.1/lib-dyn load', '/usr/lib64/python3.9.1/site-
packages', '/usr/lib/python3.9.1/site-packages']
  04
  05  import os
  06  os.getcwd()
  07  '/root'
  08  import hello
  09  Traceback (most recent call last):
    File "<stdin>", line 1, in <module>
  ImportError: No module named hello
```

可以看到，当前目录和 sys.path 中都不包含 /root/ws，所以会报 ImportError 错误。

为了解决上述问题，我们可以通过以下三种方法来解决。

(1) 使用 sys.path.append 临时动态添加模块的路径。

```
  01  sys.path.append('/root/ws')
  02  sys.path
  03   ['', '/usr/lib64/python3.9.1.zip', '/usr/lib64/
python3.9.1', '/usr/lib64/python3.9.1/plat-linux2', '/usr/lib64/
python3.9.1/lib-tk', '/usr/lib64/python3.9.1/lib-old', '/usr/
lib64/python3.9.1/lib-dynload', '/usr/lib64/python3.9.1/site-
packages', '/usr/lib/python3.9.1/site-packages', '/root/ws']
  04
  05  import hello
  06  hello.test()
  07  hello
```

可以看到，/root/ws 路径被动态地临时添加到了 sys.path 中了。

(2) 修改 PYTHONPATH 环境变量。

```
  01  vim ~/.bashrc
  02
  03  # 添加
  04  export PYTHONPATH=$PYTHONPATH:/root/ws
  05  # 生效
  06  source ~/.bashrc
  07
  08  # python 代码中引入 hello 模块
  09  $ python
  10  Python 3.9.1 (default, Sep 15 2016, 22:37:39)
  11  [GCC 4.8.5 20150623 (Red Hat 4.8.5-4)] on linux2
  12  Type "help", "copyright", "credits" or "license" for
```

```
    more information.
13  import sys
14  sys.path
15  ['', '/root', '/root/ws', '/usr/lib64/python3.9.1zip',
   '/usr/lib64/python3.9.1', '/usr/lib64/python3.9.1/plat-
   linux2', '/usr/lib64/python3.9.1/lib-tk', '/usr/lib64/
   python3.9.1/lib-old', '/usr/lib64/python3.9.1/lib-
   dynload', '/usr/lib64/python3.9.1/site-packages', '/usr/
   lib/python3.9.1/site-packages']
16  import hello
17  hello.test()
18  hello
```

可以看到，/root/ws 路径被动态的永久添加到了 sys.path 中了。

(3) 使用 .pth 文件。

在 /usr/lib/python3.9/site-packages 下添加一个扩展名为 .pth 的配置文件（例如：test.pth)，内容为要添加的路径：/root/ws。这样，就可以在 python 中引入 hello 模块了。

✦ 11.3 以主程序的形式执行

在外部调用某个模块时，可能会将只能在本模块执行的代码给执行了，但使用“if __name__ == '__main__': ”这一代码能够让某些特定的代码指定只能在自身运行时才执行被调用时不执行。

【例 11.5】

创建 Demo 模块 test.py:

```
01  def Demo(num):
02  """
03          :param num: 接收一个数
04          :return: 返回该数乘自己的结果 num**2
05    """
06          return num ** 2
07
08
09  print("第一次测试：", Demo(1))
10  print("第二次测试：", Demo(6))
```

创建调用代码 test2.py:

```
01  from Demo4 import Demo
02
03  print("计算 3 的倍数结果：", Demo(3))
```

运行结果，如图 11.4 所示。

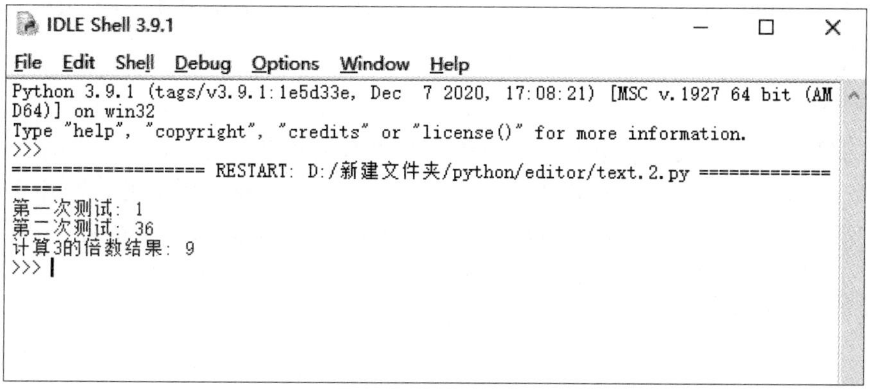

```
IDLE Shell 3.9.1
File Edit Shell Debug Options Window Help
Python 3.9.1 (tags/v3.9.1:1e5d33e, Dec  7 2020, 17:08:21) [MSC v.1927 64 bit (AM
D64)] on win32
Type "help", "copyright", "credits" or "license()" for more information.
>>>
=================== RESTART: D:/新建文件夹/python/editor/text.2.py =============
=====
第一次测试: 1
第二次测试: 36
计算3的倍数结果: 9
>>> |
```

图 11.4 运行结果

由例 11.5 可以看到当我们调用时把 test.py 中使用的测试代码也执行了，这显然不是我们想要的结果，下面对代码进行改进。

【例 11.6】

代码改进 test.Py：

```
01  def Demo(num):
02  """
03      :param num: 接收一个数
04      :return: 返回该数乘自己的结果 num**2
05  """
06      return num ** 2
07
08
09  if __name__ == '__main__':   # 当直接运行本文件时执行以下代码
10      print("第一次测试: ", Demo(1))
11      print("第二次测试: ", Demo(6))
```

调用代码 test2.py：

```
01  from Demo4 import Demo
02
03  print("计算 3 的倍数结果: ", Demo(3))
```

运行结果，如图 11.5 所示。

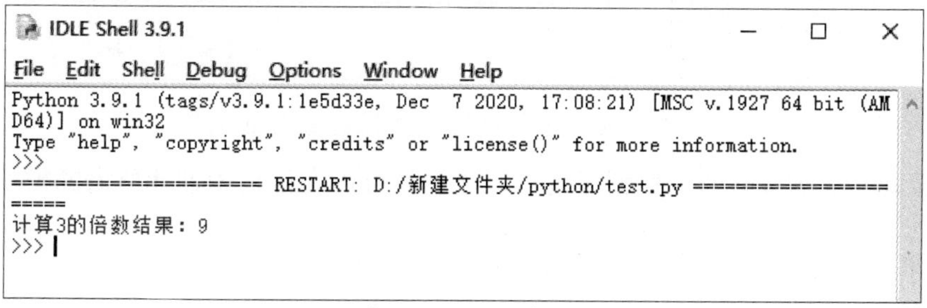

```
IDLE Shell 3.9.1
File Edit Shell Debug Options Window Help
Python 3.9.1 (tags/v3.9.1:1e5d33e, Dec  7 2020, 17:08:21) [MSC v.1927 64 bit (AM
D64)] on win32
Type "help", "copyright", "credits" or "license()" for more information.
>>>
====================== RESTART: D:/新建文件夹/python/test.py ==================
=====
计算3的倍数结果: 9
>>> |
```

图 11.5 运行结果

我们可以看到添加“if _ _name_ _ == '_ _main_ _': ”后可以把调用时不需要执行的代码放到“if _ _name_ _ == '_ _main_ _': ”下方，这样既不会影响到本模块的执行，也不会影响到调用方。

※ 说明

在每个模块的定义中都包括一个记录模块名称的变量 _ _name_ _，程序可以检查该变量，以确定它们在哪个模块中执行，如果一个模块不被导入到其他程序中执行，那么它可能在解释器的顶级模块中执行。顶级模块的 _ _name_ _ 变量值为 _ _main_ _。

✦ 11.4 Python 中的包

❖ 11.4.1 包

包是一个有层次的文件目录结构，它定义了由 n 个模块或 n 个子包组成的 Python 应用程序执行环境。

通俗地讲，包是一个包含 _ _init_ _.py 文件的目录，该目录下一定要有 _ _init_ _.py 文件和其他的模块或子包。

Python 库是参考其他编程语言的说法，就是指 Python 中的完成一定功能的代码集合，供用户使用的代码组合，在 Python 中是包和模块的形式。

❖ 11.4.2 创建包

例如，在 D 盘根目录下，创建一个名称为 bag 的包，按照以下步骤进行。

(1) 在我的文档中打开 D 盘 (也可以进入其他盘符)，单击新建文件夹。

(2) 将新创建的文件夹命名为“bag”，然后单击进入文件夹。

(3) 在 IDLE 中，创建一个名称为“init_py”的文件，保存在 D:\bag 文件夹下，且在该文件中不写入任何内容，如图 11.6 所示

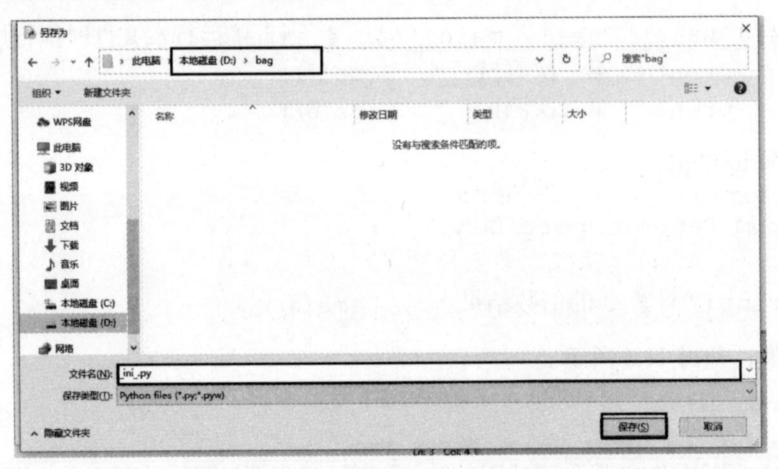

图 11.6 将在 IDLE 中创建的文件保存在 bag 文件夹下

(4) 至此，名为 bag 的包就创建完毕，之后就可以在该包中创建所需的模块了，如图 11.7 所示。

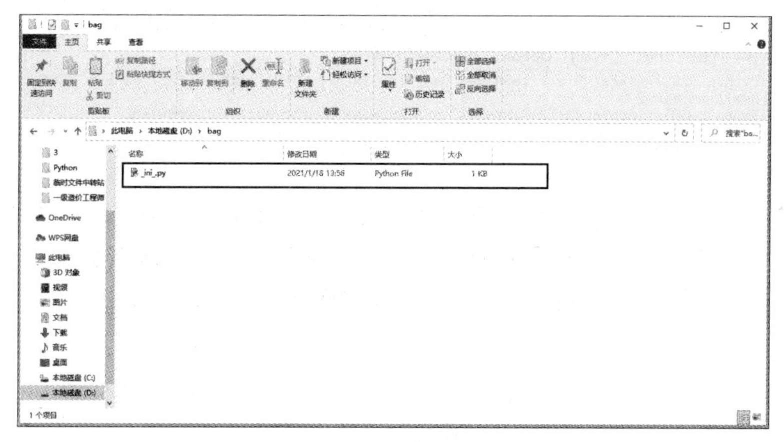

图 11.7 包创建完成

❖ 11.4.3 使用包

在文档中创建好包后，就可以在包中创建相应的模块，然后再使用 import 语句从包中加载模块。

从包中加载模块有以下三种方法。

➤ 1. import+ 完整包名 + 模块名

这种方法是指假如有一个名称为 bag 的包，该包下有一个名称为 time 的模块，那么要导入 time 模块，可以使用下面的代码：

```
import bag.time
```

通过该方式导入模块后，在使用时需要有完整的名称。

【例 11.7】

在已经创建的 bag 包中创建一个名称为 time 的模块，并且在该模块中定义两个变量，代码如下。

```
01  minutes=30        # 分钟
02  hours=2           # 小时
```

这时，通过“import+ 完整包名 + 模块名”的形式导入 time 模块后，在调用 minutes 和 hours 变量时，就需要在变量名前加入“bag.time”前缀。对应的代码如下。

```
01  import bag.time
02  if __name__=='__main__':
03      print('分钟：',bag.time.minutes)
04      print('小时：',bag.time.hours)
```

运行结果，如图 11.8 所示。

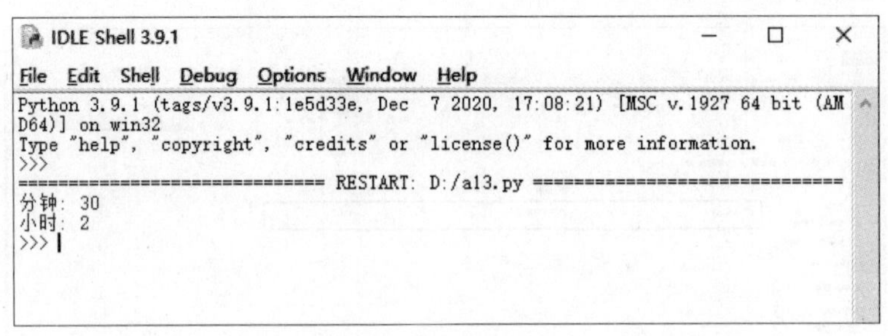

图 11.8 运行结果

2. from+ 完整包名 +import+ 模块名

这种方法是指假如有一个名称为 bag 的包，在该包下面有一个名称为 time 的模块，如果要导入该模块，则可以使用下面的代码：

```
from bag import time
```

通过这种方法导入模块后，在使用时不需要带包前缀，但是要带模块名。例如，想通过“from+ 完整包名 +import+ 模块名”的形式导入上面已经创建的 time 模块，并且调用 minutes 和 hours 变量，就可以通过下面代码实现。

【例 11.8】

```
01  from bag import time
02  if __name__=='__main__':
03      print('分钟：',time.minutes)
04      print('小时：',time.hours)
```

运行结果，如图 11.9 所示。

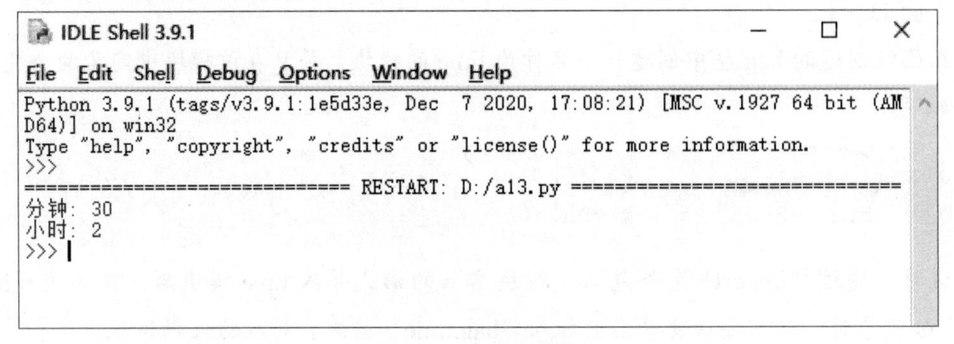

图 11.9 运行结果

3. from+ 完整包名 + 模块名 + import + 定义名

这种方法是指假如有一个名为 bag 的包，在该包下有一个名称为 time 的模块，那么要导入 time 模块中的 minutes 和 hours 变量，可以使用下面的代码：

```
from bag.time import minutes,hours
```

通过该方式导入模块的函数、变量或类之后，在使用时直接使用函数、变量或类名即可。例如，通过“form+ 完整包名 + 模块名 +import+ 定义名”的形式导入上面已经创建的 time 模块中的 minutes 和 hours 变量并输出，就可以通过下面代码实现。

【例 11.9】

```
01  # 导入 bag 包下 time 模块中的 minutes 和 hours 变量
02  from bag.time import minutes,hours
03  if __name__=='__main__':
04      print('分钟:',minutes)
05      print('小时:',hours)
```

运行结果，如图 11.10 所示。

```
IDLE Shell 3.9.1
File Edit Shell Debug Options Window Help
Python 3.9.1 (tags/v3.9.1:1e5d33e, Dec  7 2020, 17:08:21) [MSC v.1927 64 bit (AMD64)] on win32
Type "help", "copyright", "credits" or "license()" for more information.
>>>
============================== RESTART: D:/a13.py ==============================
分钟: 30
小时: 2
>>>
```

图 11.10 运行结果

✦ 11.5 标准库

Python 标准库中一共可使用三种：turtle 库、random 库、time 库。

turtle 库中包含 100 多个功能函数主要有窗体函数、画笔状态函数和画笔运动函数，可进行基本图形的绘制。在 Python3 系列版本安装目录的 Lib 文件夹下可以找到 turtle.py 文件。有关 turtle 库的更多介绍请访问 https://docs.python.org/3/library/turtle.html。

random 库中提供了不同类型的随机数函数，主要是用来生成随机数。其中最基本的函数是 random.random(), 它生成一个 [0.0，1.0) 之间的随机小数，所有其他随机函数都是基于这个函数扩展而来。

time 库提供系统级精确计时器的计时功能，用来分析程序性能，也可让程序暂停运行时间，是 Python 提供的处理时间标准库。

第十二章 读写文件

✦ 12.1 基本文件操作

在使用Python内置的文件对象时，首先需要通过内置的open()方法创建一个文件对象，然后通过该对象提供的方法进行一些基本文件操作。下面将介绍应用Python的文件对象进行的基本文件操作。

❖ 12.1.1 创建和打开文件

在Python中，想要操作文件，需要先创建或者打开指定文件，并创建文件对象。可通过open()方法来实现。open()方法的语法格式如下。

```
file=open(filename[,mode[,buffering]])
```

其中，file是被创建的对象；filename是要创建或打开的文件名称，需要使用单引号或双引号括起来。如果要打开的文件和当前文件在同一个目录下，那么直接写文件名即可，否则需要指定完整路径。例如，要打开当前路径下名称为status.txt的文件，可以使用“status.txt”。

mode为可选参数，用于指定文件的打开模式，其参数值，如表12.1所示。默认的打开模式为只读（即r）。buffering为可选参数，用于指定读写文件的缓冲模式，值为0表示不缓存；值为1表示缓存；如果值大于1，则表示缓冲区的大小。默认为缓存模式。

表12.1 mode常见的参数值及其说明

值	说明	注意
r	以只读方式打开文件。文件的指针将会放在文件的开头	文件必须存在
rb	以二进制格式打开一个文件用于只读。文件指针将会放在文件的开头。这是默认模式。一般用于非文本文件，如图片等	
r+	打开一个文件用于读写。文件指针将会放在文件的开头	
rb+	以二进制格式打开一个文件用于读写。文件指针将会放在文件的开头。一般用于非文本文件，如图片等	
w	打开一个文件只用于写入。如果该文件已存在则打开文件，并从开头开始编辑，即原有内容会被删除。如果该文件不存在，创建新文件	文件存在，则将其覆盖，否则创建新文件
wb	以二进制格式打开一个文件只用于写入。如果该文件已存在则打开文件，并从开头开始编辑，即原有内容会被删除。如果该文件不存在，创建新文件。一般用于非文本文件，如图片等	

续表

值	说明	注意
w+	打开一个文件用于读写。如果该文件已存在则打开文件，并从开头开始编辑，即原有内容会被删除。如果该文件不存在，创建新文件	文件存在，则将其覆盖，否则创建新文件
wb+	以二进制格式打开一个文件用于读写。如果该文件已存在则打开文件，并从开头开始编辑，即原有内容会被删除。如果该文件不存在，创建新文件。一般用于非文本文件，如图片等	
a	打开一个文件用于追加。如果该文件已存在，文件指针将会放在文件的结尾。也就是说，新的内容将会被写入到已有内容之后。如果该文件不存在，创建新文件进行写入	
ab	以二进制格式打开一个文件用于追加。如果该文件已存在，文件指针将会放在文件的结尾。也就是说，新的内容将会被写入到已有内容之后。如果该文件不存在，创建新文件进行写入	
a+	打开一个文件用于读写。如果该文件已存在，文件指针将会放在文件的结尾。文件打开时会是追加模式。如果该文件不存在，创建新文件用于读写	
ab+	以二进制格式打开一个文件用于追加。如果该文件已存在，文件指针将会放在文件的结尾。如果该文件不存在，创建新文件用于读写	

❖ 12.1.2 关闭文件

打开文件后，需要及时关闭，以免对文件造成不必要的破坏。关闭文件可以使用文件对象的 close() 方法实现。close() 方法的语法格式如下。

```
file.close()
```

其中，file 为打开的文件对象。

分析如下代码：

```
01  import os
02  f = open("my_file.txt",'w')
03  #...
04  os.remove("my_file.txt")
```

上述代码中引入了 os 模块，调用了该模块中的 remove() 函数，该函数的功能是删除指定的文件。但是，如果运行此程序，Python 解释器会报异常，如图 12.1 所示。

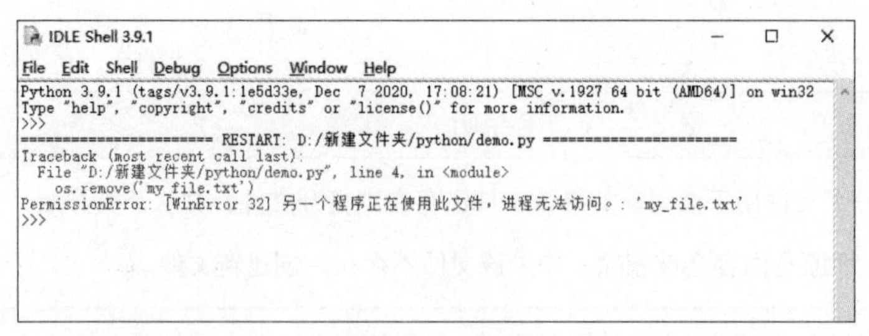

图 12.1 异常

显然，由于使用了 open() 方法打开了 my_file.txt 文件，但没有及时关闭，直接导致后续的 remove() 函数运行出现错误。因此，正确的程序应该是这样的：

```
01  import os
02  f = open("my_file.txt",'w')
03  f.close()
04  #...
05  os.remove("my_file.txt")
```

再次运行程序，可以发现该文件已经被成功删除了。

❖ 12.1.3 打开文件时使用 with 语句

打开文件后，应及时关闭，如果忘记关闭，则可能会带来其他问题。另外，如果在打开文件时抛出了异常，那么将导致文件不能被及时关闭。为了避免此类问题发生，可以使用 with 语句，从而实现在处理文件时，无论是否抛出异常，都能保证 with 语句执行完毕后关闭已经打开的文件。with 语句的语法格式如下。

```
01  with expression as target:
02      with-body
```

其中，expression 用于指定一个表达式，这里可以使打开文件的 open() 方法；target 用于指定一个变量，并且将 expression 的结果保存到该变量中；with-body 用于指定 with 语句体，其中可以使执行 with 语句后相关的一些操作语句。如果不想执行任何语句，可以直接使用 pass 语句代替。

使用 with 语句，可使代码简洁，处理异常也更优雅；with 语句通过封装常用的准备工作和清除任务来简化异常处理。此外，它将自动关闭文件。with 语句提供了一种确保始终使用清理的方法。

编写如下代码：

```
01  file = open("welcome.txt")
02  data = file.read()
03  print(data)
05  file.close() # 文件用完一定要关闭
```

如果使用了 with 语句，则可以写为：

```
01  with open("welcome.txt") as file: # file 作为对文件对象的引用
02      data = file.read()
```

在写入模式下打开 output.txt：

```
01  with open('output.txt', 'w') as file: # 输出到file
02      file.write('Hi there!')
```

❖ 12.1.4 写入文件内容

在 Python 中除了可以读取文件的内容之外，还可以向文件中写入内容，写入内容的类型也是有选择的。Python 中提供了 write() 方法，可以向文件中写入内容。write() 方法的语法格式如下。

```
file.write(string)
```

其中，file 为打开的文件对象；string 为要写入的字符串。

创建一个 a.txt 文件，该文件内容如下。

```
C 语言中文网
http://c.biancheng.net
```

然后，在和 a.txt 文件同级目录下，创建一个 Python 文件，编写如下代码：

```
01  f = open("a.txt", 'w')
02  f.write("写入一行新数据")
03  f.close()
```

前面已经讲过，如果打开文件模式中包含 w（写入），那么向文件中写入内容时，会先清空原文件中的内容，然后再写入新的内容。因此，运行上面程序，再次打开 a.txt 文件，只会看到新写入的内容，如图 12.2 所示。

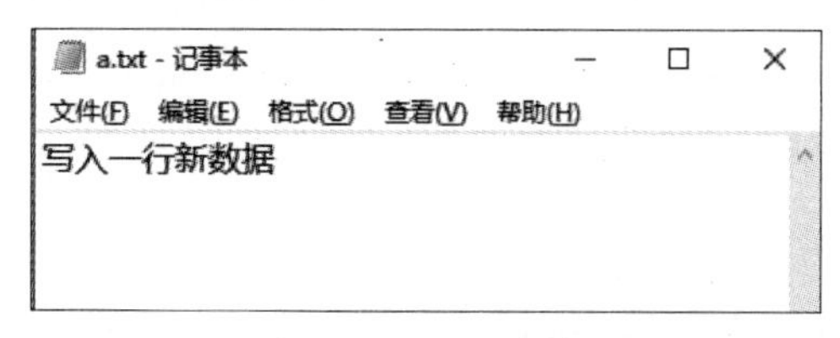

图 12.2 写入内容

而如果打开文件模式中包含 a（追加），则不会清空原有内容，而是将新写入的内容会添加到原内容后边。

如果还原 a.txt 文件中的内容，并修改上述代码为：

```
01  f = open("a.txt", 'a')
02  f.write("\n写入一行新数据")
03  f.close()
```

再次打开 a.txt，可以看到内容，如图 12.3 所示。

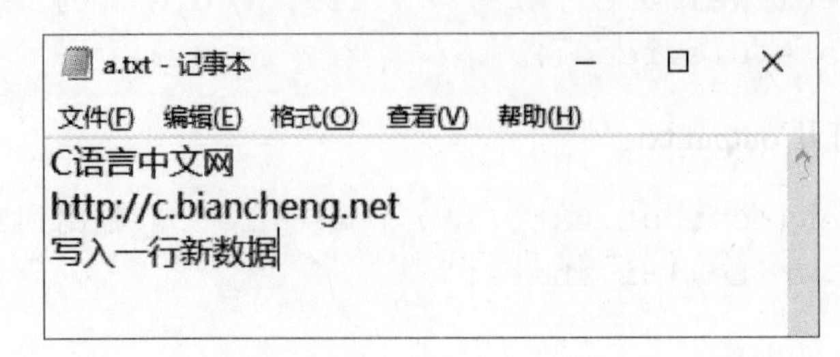

图 12.3 写入新内容

因此，采用不同的文件打开模式，会直接影响 write() 方法向文件中写入数据的效果。

另外，在写入文件完成后，一定要调用 close() 方法将打开的文件关闭，否则写入的内容不会保存到文件中。例如，将上面程序中最后一行 f.close() 删掉，再次运行此程序并打开 a.txt，将会发现新内容未被写入。这是因为，当我们在写入文件内容时，操作系统不会立刻把数据写入磁盘，而是先缓存起来，只有调用 close() 方法时，操作系统才会保证把没有写入的数据全部写入磁盘文件中。

除此之外，如果向文件写入数据后，不想马上关闭文件，也可以调用文件对象提供的 flush() 函数，它可以实现将缓冲区的数据写入文件中。

【例 12.1】

```
01  f = open("a.txt", 'w')
02  f.write(" 写入一行新数据 ")
03  f.flush()
```

打开 a.txt 文件，可以看到写入的新内容，如图 12.4 所示。

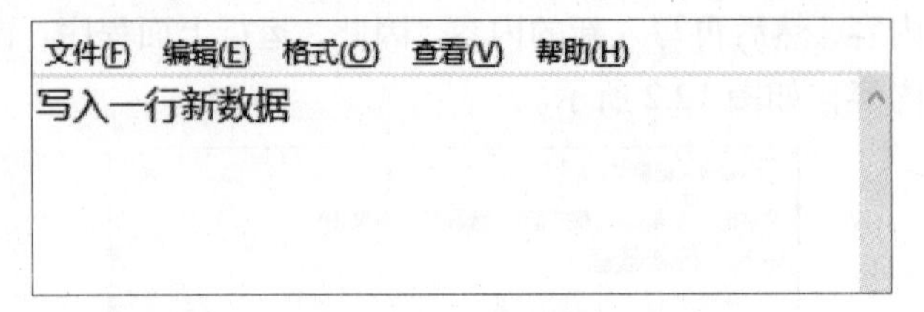

图 12.4 内容更新

另外，通过设置 open() 方法的 buffering 参数可以关闭缓冲区，这样数据就可以直接写入文件中了。对于以二进制格式打开的文件，可以不使用缓冲区，写入的数据会直接进入磁盘文件；但对于以文本格式打开的文件，必须使用缓冲区，否则 Python 解释器会抛出 ValueError 错误。

【例 12.2】

```
01  f = open("a.txt", 'w',buffering = 0)
02  f.write(" 写入一行新数据 ")
```

运行结果，如图 12.5 所示。

```
IDLE Shell 3.9.1
File Edit Shell Debug Options Window Help
Python 3.9.1 (tags/v3.9.1:1e5d33e, Dec  7 2020, 17:08:21) [MSC v.1927 64 bit (AM
D64)] on win32
Type "help", "copyright", "credits" or "license()" for more information.
>>>
====================== RESTART: D:/新建文件夹/python/demo.py =================
=====
Traceback (most recent call last):
  File "D:/新建文件夹/python/demo.py", line 1, in <module>
    f=open('a.txt','w',buffering=0)
ValueError: can't have unbuffered text I/O
>>>
```

图 12.5 运行结果

Python 的文件对象中，不仅提供了 write() 方法，还提供了 writelines() 方法，可以实现将字符串列表写入文件中。

注意

写入函数只有 write() 方法和 writelines() 方法，而没有名为 writeline() 的方法。

以 a.txt 文件为例，通过使用 writelines() 方法，可以轻松实现将 a.txt 文件中的数据复制到其他文件中，实现代码如下：

```
01  f = open('a.txt', 'r')
02  n = open('b.txt','w+')
03  n.writelines(f.readlines())
04  n.close()
05  f.close()
```

执行此代码，在 a.txt 文件同级目录下会生成一个 b.txt 文件，且该文件中包含的数据和 a.txt 完全一样。

注意

使用 writelines() 方法向文件中写入多行数据时，不会自动给各行添加换行符。上面代码中，之所以 b.txt 文件中会逐行显示数据，是因为 readlines() 方法在读取各行数据时，读入了行尾的换行符。

❖ 12.1.5 读取文件

在 Python 中打开文件后，除了可以向其写入或追加内容，还可以读取文件中的内容。读取文件内容主要分为以下几种情况。

➤ 1. 读取指定字符

使用 Python 提供的 read() 方法读取指定个数的字符，其语法格式如下。

```
file.read([size])
```

其中，file 为打开的文件对象；size 为可选参数，用于指定要读取的字符个数，如果省略则一次性读取全部内容。

【例 12.3】

一个名为 message.txt 的文件内容为：

金樽清酒斗十千，玉盘珍羞直万钱。

停杯投箸不能食，拔剑四顾心茫然。

欲渡黄河冰塞川，将登太行雪满山。

闲来垂钓碧溪上，忽复乘舟梦日边。

行路难，行路难，多歧路，今安在？

长风破浪会有时，直挂云帆济沧海。

如果要读取文件 message.txt 的前 7 个字符，可以输入以下代码：

```
01  with open('message.txt', 'r',encoding='UTF-8')as file:
    # 打开文件
02      string = file.read(7)               # 读取前七个字符
03      print(string)
```

运行结果，如图 12.6 所示。

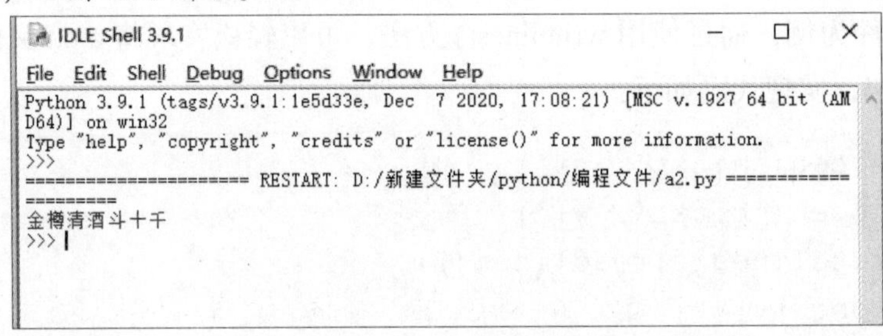

图 12.6 运行结果

使用 read() 方法读取文件时，是从文件开头进行读取的，如果想要读取中间某个片段的内容，可以先使用文件对象的 seek() 方法将文件的指针移动到指定位置，然后再使用 read() 方法进行读取内容。seek() 方法的语法格式如下。

```
seek(offset,whence=0)
```

offset 是偏移量，也就是代表需要移动偏移的字节数；whence 为给 offset 参数一个定义，表示要从哪个位置开始偏移，0 代表从文件开头算起，1 代表开始从当前位置开始算起，2 代表从文件末尾开始算起。当有换行时，会被换行截断。

【例 12.4】

从文件“message.txt”中读取第 8~14 个字符，输入以下代码：

```
01  with open("message.txt","r")as file:
02  f.seek(8,1) # 从文件头开始，偏移 8 个字符
03  data = f.read(7) # 读取 7 个字符
04  print(data) # 因此打印出来的就是 8~14 个字符
05  f.close() # 关闭文件
```

运行结果，如图 12.7 所示。

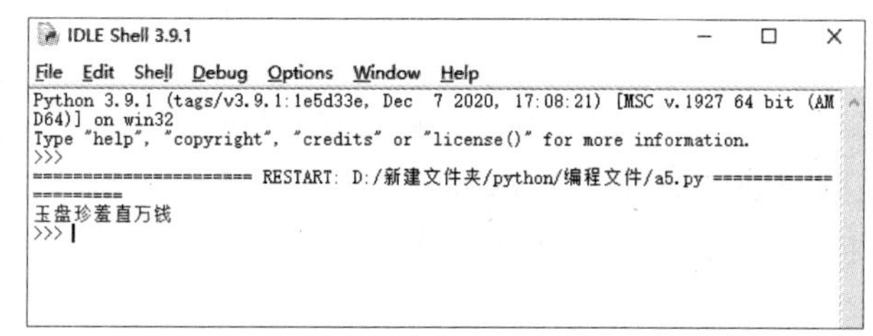

图 12.7 运行结果

2. 读取一行

在使用 read() 方法读取文件时，如果文件很大，一次读取全部内容到内存，容易造成内存不足，所以通常会采取逐行读取。文件对象提供了 readline() 方法用于每次读取一行数据。readline() 方法的语法格式如下。

```
file.readline()
```

其中，file 为打开的文件对象。同 read() 方法一样，打开文件时，也需要指定打开模式为 r（只读）或者 r+（读写）。

3. 读取全部行

读取全部行的作用与调用 read() 方法时不指定 size 类似，只不过读取全部行时，返回的是一个字符串列表，每个元素为文件的一行内容。读取全部行，使用的是文件对象的 readlines() 方法，其语法格式如下。

```
file.readlines()
```

其中，file 为打开的文件对象。同 read() 方法一样，打开文件时，也需要指定打开模式为 r（只读）或者 r+（读写）。

【例 12.5】

在“message.txt”文件中读取全部行：

```
01  with open('message.txt','r',encoding='utf-8')as file:
02      messageall=file.readlines()
03      for message in messageall:
04          print(message)
```

运行结果，如图 12.8 所示。

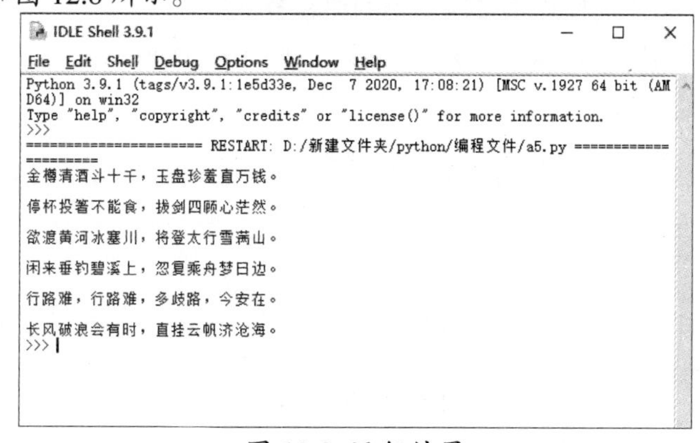

图 12.8 运行结果

12.2 目录操作

目录也称文件夹，用于分层和保存文件。通过目录可以分门别类地存放文件。我们也可以通过目录快速找到想要的文件。在 Python 中，并没有提供直接操作目录的函数或者对象，而是需要使用内置的 os 和 os.path 模块来实现。

12.2.1 os 和 os.path 模块

在 Python 中内置了 os 模块及其子模块 os.path 用于对目录或文件进行操作。

导入 os 模块可以用如下语句：

```
import os
```

导入 os 模块后，可以使用该模块提供的通用变量获取与系统有关的信息。

下面列举几个常用的变量：

(1) name：用于获取操作系统类型。

在 IDLE 编辑器内输入 os.name，将显示如图 12.9 所示结果。

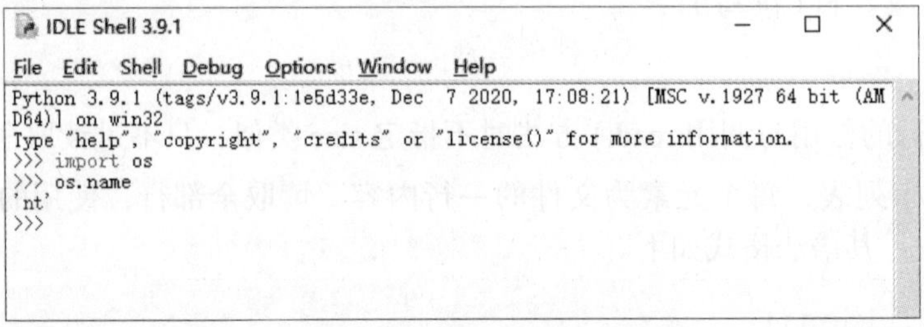

```
IDLE Shell 3.9.1
File Edit Shell Debug Options Window Help
Python 3.9.1 (tags/v3.9.1:1e5d33e, Dec  7 2020, 17:08:21) [MSC v.1927 64 bit (AMD64)] on win32
Type "help", "copyright", "credits" or "license()" for more information.
>>> import os
>>> os.name
'nt'
>>>
```

图 12.9 输入 os.name

(2) linesep：用于获取当前操作系统上的换行符。

在 IDLE 编辑器内输入 os.linesep，将显示如图 12.10 所示结果。

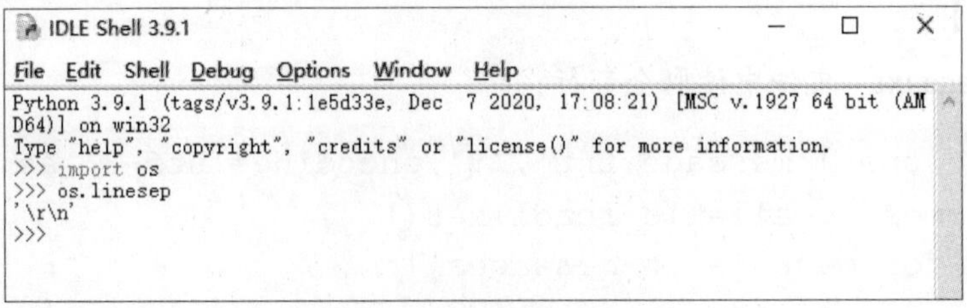

```
IDLE Shell 3.9.1
File Edit Shell Debug Options Window Help
Python 3.9.1 (tags/v3.9.1:1e5d33e, Dec  7 2020, 17:08:21) [MSC v.1927 64 bit (AMD64)] on win32
Type "help", "copyright", "credits" or "license()" for more information.
>>> import os
>>> os.linesep
'\r\n'
>>>
```

图 12.10 输入 os.linesep

(3) sep：用于获取当前操作系统所使用的路径分隔符。

在 IDLE 编辑器内输入 os.sep，将显示结果，如图 12.11 所示。

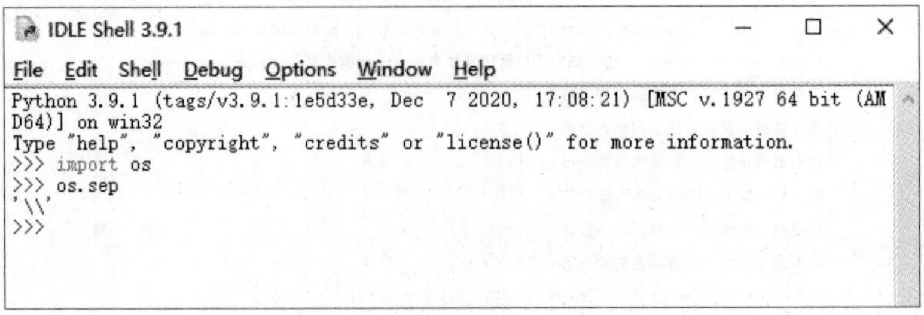

```
IDLE Shell 3.9.1
File Edit Shell Debug Options Window Help
Python 3.9.1 (tags/v3.9.1:1e5d33e, Dec  7 2020, 17:08:21) [MSC v.1927 64 bit (AMD64)] on win32
Type "help", "copyright", "credits" or "license()" for more information.
>>> import os
>>> os.sep
'\\'
>>>
```

图 12.11 输入 os.sep

注意

上图所示皆为 Windows 操作系统显示的结果，不同的操作系统输出结果会不一样，使用非 Windows 操作系统的用户要注意区分。

另外，os 模块还提供了一些操作目录的函数，如表 12.2 所示。

表 12.2 os 模块提供的与目录有关的函数

函数	说明
getcwd()	返回当前的工作目录
listdir(path)	返回指定路径下的文件和目录信息
mkdir(path[,mode])	创建目录
makedirs(path1/path2...[,mode])	创建多级目录
rmdir(path)	删除目录
removedirs(path1/path2...)	删除多级目录
chdir(path)	把 path 设置为当前工作目录
walk(top[,topdown[,onerror]])	遍历目录树，该方法返回一个元组，包括所有路径名、所有目录列表和文件列表 3 个元素

os.path 模块也提供了一些操作目录的函数，如表 12.3 所示。

表 12.3 os.path 模块提供的与目录相关的函数

函数	说明
abspath(path)	用于获取文件或目录的绝对路径
exists(path)	用于判断目录或者文件是否存在，如果存在则返回 True，否则返回 False
join(path,name)	将目录与目录或者文件名拼接起来
splitext()	分离文件名和扩展名
basename(path)	从一个目录中提取文件名
dirname(path)	从一个路径中提取文件路径，不包括文件名
isdir(path)	用于判断是否为有效途径

❖ 12.2.2 路径

用于定位一个文件或者目录的字符串被称为一个路径。在程序开发时，通常会涉及两种路径，一种是相对路径，另一种是绝对路径。

在学习相对路径和绝对路径前先要了解什么是当前工作目录。

➤ 1. 当前工作目录

每个运行在计算机上的程序，都有一个“当前工作目录”（或 cwd）。所有没有从根文件夹开始的文件名或路径，都假定在当前工作目录下。

注意

虽然文件夹是目录较通俗的讲法，但当前工作目录（或当前目录）是标准术语，没有当前工作文件夹这种说法。

在 Python 中，利用 os.getcwd() 函数可以取得当前工作路径的字符串，还可以利用 os.chdir() 函数改变它。

在交互式环境中输入以下代码：

```
01  import os
02  os.getcwd()
03  'C:\\Users\\mengma\\Desktop'
04  os.chdir('C:\\Windows\\System32')
05  os.getcwd()
06  'C:\\Windows\\System32'
```

可以看到，原本当前工作路径为 'C:\\Users\\mengma\\Desktop'（也就是桌面），通过 os.chdir() 函数，将其改成了 'C:\\Windows\\System32'。

需要注意的是，如果使用 os.chdir() 修改的工作目录不存在，Python 解释器会报错。

```
 os.chdir('C:\\error')
Traceback (most recent call last):
  File "<pyshell#6>", line 1, in <module>
    os.chdir('C:\\error')
FileNotFoundError: [WinError 2] 系统找不到指定的文件。: 'C:\\
error'
```

了解了当前工作目录的具体含义之后，接下来介绍相对路径和绝对路径的含义和用法。

➤ 2. 相对路径

相对路径依赖于当前工作目录，如果在当前工作目录下有一个名称为 message.txt 的文件，那么在打开这个文件时，就可以直接写上文件名，这时采用的就是相对路径，message.txt 文件的实际路径就是当前工作目录“E:\program\Python\Code”+ 相对路径“message.txt”，即 E:\program\Python\Code\message.txt。

如果在当前工作目录下有一个子目录 demo，并且在该子目录下保存着 message.txt 文件，那么在打开这个文件时就可以写上“demo\message.txt”，代码如下。

```
01 with open("demo\message.txt")as file: # 通过相对路径打开文件
02     pass
```

【例 12.6】

```
01  >>>import os
02  >>>os.chdir("E:\\PycharmProjects\\odycmdb\\odycmdb")
03  >>>os.listdir()
04  ['settings.py', 'urls.py', 'wsgi.py', '__init__.py', '__
    pycache__']
05  >>>os.path.dirname("settings.py")
```

➤ 3. 绝对路径

绝对路径是指在使用文件时指定文件的实际路径。它不依赖于当前工作目录。在 Python 中，可通过 os.path 模块提供的 abspath() 函数获取一个文件的绝对路径。abspath() 函数的语法格式如下。

```
os.path.abspath(path):
```

【例 12.7】

```
01  >>>import os
02  >>>os.chdir("E:\\PycharmProjects\\odycmdb\\odycmdb")
03  >>>os.listdir()
04  ['settings.py', 'urls.py', 'wsgi.py', '__init__.py', '__
    pycache__']
05  >>>os.path.abspath("settings.py")
06  'E:\\PycharmProjects\\odycmdb\\odycmdb\\settings.py'
```

❖ 12.2.3 判断目录是否存在

在 Python 中有时需要判断给定的目录是否存在，这是可以使用 os.path 模块提供的 exists() 函数实现。exists() 函数的语法格式如下。

```
os.path.exists(path)
```

其中，path 为要判断的目录，可以采用绝对路径，也可以采用相对路径。

返回值：如果给定的路径存在，则返回 True，否则返回 False。

os 模块中的 os.path.exists() 方法用于检验文件是否存在。

判断文件是否存在：

```
01  import os
02  os.path.exists(test_file.txt)
03  # True
04  os.path.exists(no_exist_file.txt)
05  # False
```

判断文件夹是否存在：

```
01  import os
```

```
02  os.path.exists(test_dir)
03  # True
04  os.path.exists(no_exist_dir)
05  # False
```

可以看出用 os.path.exists() 方法，判断文件和文件夹是一样的。

使用这种方法存在一个问题，假设想检查文件“test_data”是否存在，但是当前路径下有个叫“test_data”的文件夹，这样就可能出现误判。为了避免这样的情况，可以使用另一种方法来检查文件是否存在，如下面代码所示。

```
01  import os
02  os.path.isfile("test-data")
```

通过这个方法，如果文件”test-data”不存在将返回 False，反之返回 True。

另一种判断目录是否存在的方法是使用 pathlib 模块。

注意

pathlib 模块在 Python 3 版本中是内建模块，但是在 Python 2 中是需要单独安装三方模块。

使用 pathlib 需要先使用文件路径来创建 path 对象。此路径可以是文件名或目录路径。

检查路径是否存在：

```
01  path = pathlib.Path("path/file")
02  path.exist()
```

检查路径是否是文件：

```
01  path = pathlib.Path("path/file")
02  path.is_file()
```

❖ 12.2.4 创建目录

在 Python 中，os 模块提供了两个创建目录的函数，一个用于创建一级目录，另一个用于创建多级目录。

➤ 1. 创建一级目录

创建一级目录是指一次只能创建一级目录。在 Python 中，可以使用 os 模块提供的 mkdir() 函数实现。通过该函数只能创建指定路径中的最后一级目录，如果该目录的上一级不存在，则抛出 FileNotFoundError 异常。mkdir() 函数的语法格式如下。

```
os.mkdir(path, mode=0o777)
```

其中，path 用于指定要创建的目录，可以使用绝对路径，也可以使用相对路径；mode 用于指定数值模式，默认值为 0777，该参数在非 UNIX 系统上无效或被忽略。

【例 12.8】

使用 mkdir() 函数在 D 盘中创建一级目录：

```
01  # 引入模块
```

```
02  import os
03  # 创建 D:\xuexiwenjian 目录
04  os.mkdir('D:\\xuexiwenjian')
```

运行后在 D 盘可以看到 xuexiwenjian 文件夹已创建成功，如图 12.12 所示。

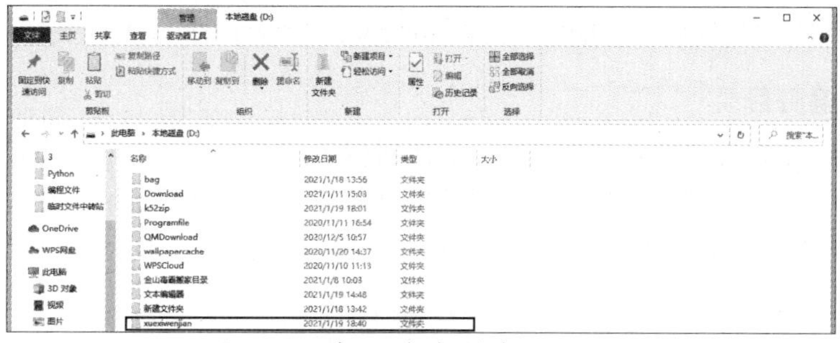

图 12.12 在 D 盘中创建一级目录

➤ 2. 创建多级目录

使用 makedirs() 函数可以实现一次同时创建多个层级目录。makedirs() 函数的语法格式如下。

```
os.makedirs(name,mode=o0777)
```

其中，name 用于指定要创建的目录，可以使用绝对路径，也可以使用相对路径；mode 用于指定数值模式，默认值为 0777，该参数在非 UNIX 系统上无效或被忽略。

【例 12.9】

使用 makedirs() 函数在 D 盘中创建多级目录：

```
01  import os
02  os.makedirs('D:\\w1\\w2\\w3')
```

运行后在 D 盘中可以看到 w1、w2、w3 文件夹已创建完成，如图 12.13 所示。

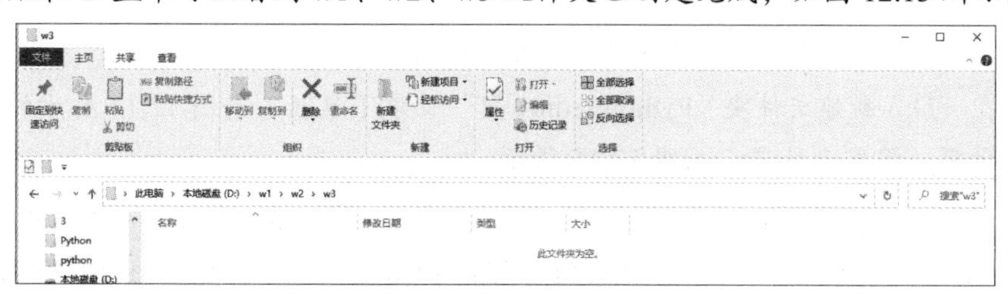

图 12.13 在 D 盘中创建多级目录

❖ 12.2.5 删除目录

删除目录可以使用 os 模块提供的 rmdir() 函数来实现。通过 rmdir() 函数删除目录时，只有当要删除的目录为空时才起作用。rmdir() 函数的语法格式如下。

```
os.rmdir(path)
```

其中，path 为要删除的目录，可以使用相对路径，也可以使用绝对路径。

【例 12.10】

```
01  import os
02  os.rmdir("C:\\demo\\test\\dir\\mr")    # 删除 C:\demo\test\
dir\mr 目录
```

执行例 12.10 的代码后，将删除 C:\demo\test\dir\ 目录下的 mr 文件夹。

❖ 12.2.6 遍历目录

所谓遍历，是指沿着某条搜索路线，依次对树（或图）中每个节点均做一次访问。在 Python 中，遍历的意思就是对指定的目录下的全部目录（包括子目录）及文件运行一遍。os 模块中的 walk() 函数可用于实现遍历目录的功能。walk() 函数的语法格式如下。

```
os.walk(top[,topdown][,onerror][,followlinks])
```

参数说明如下。

top：表示指定要遍历内容的根目录。

topdown：可选参数，用于指定遍历的顺序，如果值为 True，表示自上而下遍历（即先遍历根目录）；如果值为 False，表示自下而上遍历（即先遍历最后一级子目录）。默认值为 True。

onerror：可选参数，用于指定错误处理方式，默认为忽略，如果不想忽略，也可以指定一个错误处理函数，通常情况下采用默认。

followlinks：可选参数，默认情况下，walk() 函数不会向下转换成解析到目录的符号链接，将该参数值设置为 True，表适用于指定在支持的系统上访问有符号链接指向的目录。

【例 12.11】

```
01  import os
02  tuples = os.walk("D:\\ 新建文件夹 \\Python\\editor\\1")
03  for tuple1 in tuples:
04      print(tuple1,"\n")
```

如果在“D:\\ 新建文件夹 \\Python\\editor\\1”目录下包括，如图 12.14 所示的内容，执行上面的代码，将显示结果，如图 12.15 所示。

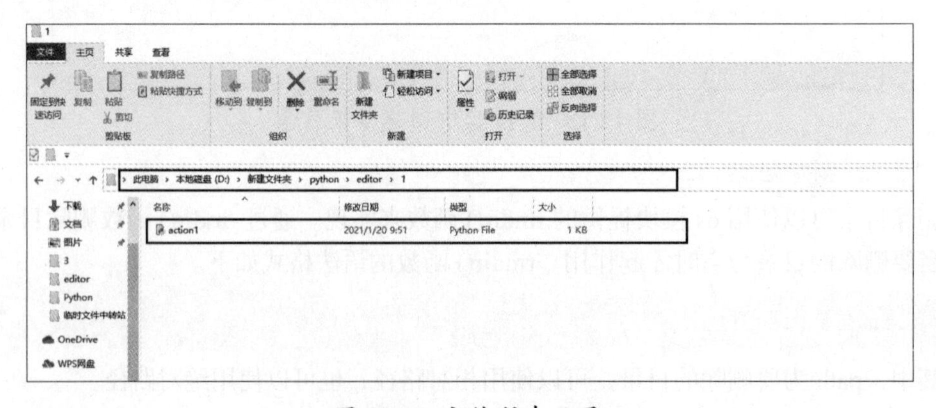

图 12.14 文件所在目录

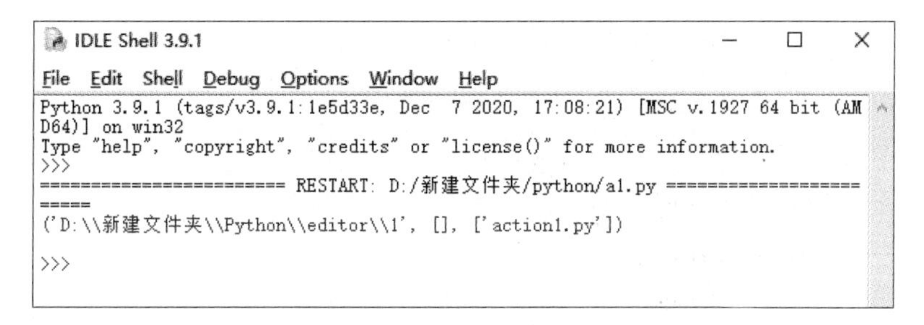

图 12.15 程序运行显示

☞ 提示

walk() 函数只在 Windows 操作系统和 UNIX 操作系统中有效。

✦ 12.3 高级文件操作

Python 内置的 os 模块除了可以对目录进行操作，还可以对文件进行一些高级操作。具体函数，如表 12.4 所示。

表 12.4 OS 模块的函数及其说明

函数	说明
access(path.accessmode)	获取对文件是否有指定的访问权限（读取 / 写入 / 执行权限）。accessmode 的值是 R_OK(读取)、W_OK(写入)、X_OK(执行)或 F_OK(存在)，如果有指定的权限，则返回 1，否则返回 0
chmod(path.mode)	修改 path 指定文件的访问权限
remove(path)	删除 path 指定的文件路径
rename(src.dst)	将文件或目录 src 重命名为 dst
stat(path)	返回 path 指定文件的信息
startfile(path[,operation])	使用关联的应用程序打开 path 指定的文件

❖ 12.3.1 删除文件

Python 没有内置删除文件的函数，但是在内置的 os 模块中提供了删除文件的函数 remove()，该函数的语法格式如下。

```
os.remove(path)
```

其中，path 为要删除的文件路径，可以使用相对路径，也可以使用绝对路径。

【例 12.12】

删除当前工作目录下的 message.txt 文件；

```
01  import os
02  os.remove("message.txt")
```

运行后显示异常，如图 12.16 所示。

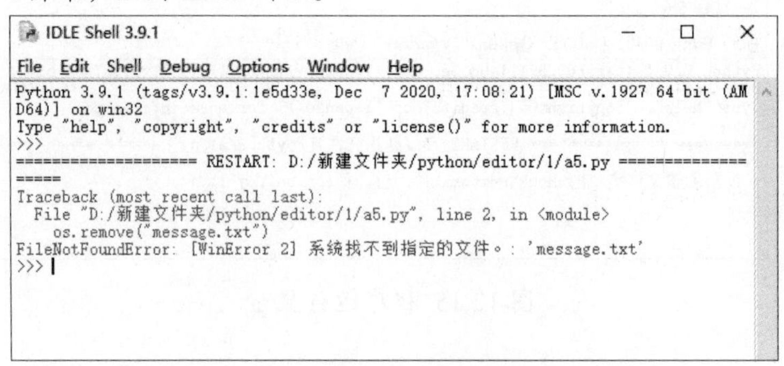

图 12.16 删除文件后显示异常

为了避免这样的异常出现，在进行删除文件操作前先判断文件是否存在，只有存在才能执行删除操作。

【例 12.13】

```
01  import os # 导入 os 模块
02  path = "message.txt" # 要删除的文件
03  if os.path.exists(path): # 判断文件是否存在
04      os.remove(path) # 删除文件
05      print(" 文件删除完毕 ")
06  else:
07      print(" 文件不存在 ")
```

执行例 12.13 代码，如果 message.txt 不存在，则显示的内容，如图 12.17 所示。

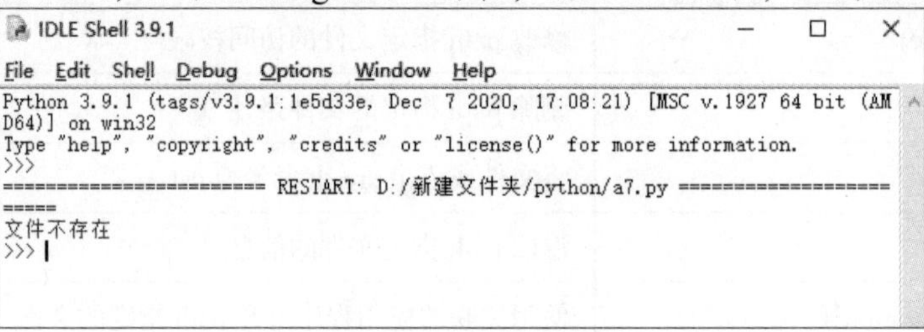

图 12.17 运行结果

如果 message.txt 存在，那么它将会被删除并重新显示内容，如图 12.18 所示。

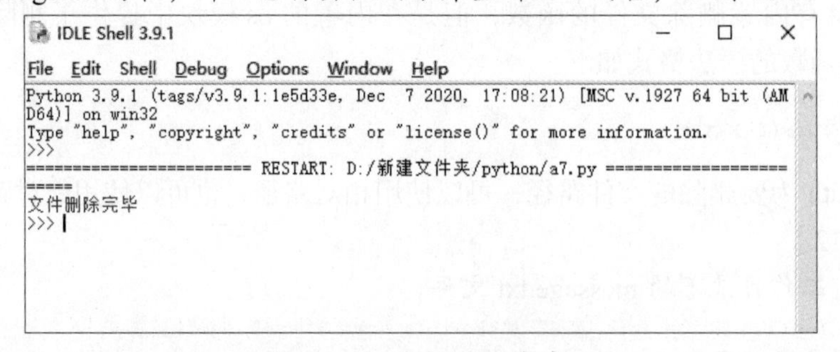

图 12.18 重新显示内容

❖ 12.3.2 重命名文件和目录

Python 中 os 模块提供了 rename() 函数，可以用来重命名文件和目录，如果指定的路径是文件，则重命名文件，如果指定的路径是目录，则重命名目录。rename() 函数的语法格式如下。

```
os.rename(src.dst)
```

其中，src 用于指定要进行重命名的目录或文件；dst 用于指定重命名后的目录或文件。

【例 12.14】

```
01  import os
02  src="D:\\新建文件夹\\python\\editor\\message.txt"
03  dst="D:\\新建文件夹\\python\\editor\\new plan.txt"
04  os.rename(src,dst)
05  if os.path.exists(src):
06      os.rename(src,dst)
07      print("文件命名完毕")
08  else:
09      print("文件不存在")
```

执行上面的代码，如果 D:\\新建文件夹\\python\\editor\\message.txt 文件不存在，则显示内容，如图 12.19 所示。

```
IDLE Shell 3.9.1
File Edit Shell Debug Options Window Help
Python 3.9.1 (tags/v3.9.1:1e5d33e, Dec  7 2020, 17:08:21) [MSC v.1927 64 bit (AM
D64)] on win32
Type "help", "copyright", "credits" or "license()" for more information.
>>>
==================== RESTART: D:/新建文件夹/python/editor/a4.py ==============
=====
文件不存在
>>>
```

图 12.19 文件不存在

否则，将显示如图 12.20 所示内容，同时文件被重命名：

```
IDLE Shell 3.9.1
File Edit Shell Debug Options Window Help
Python 3.9.1 (tags/v3.9.1:1e5d33e, Dec  7 2020, 17:08:21) [MSC v.1927 64 bit (AM
D64)] on win32
Type "help", "copyright", "credits" or "license()" for more information.
>>>
==================== RESTART: D:\新建文件夹\python\editor\a6.py ==============
=====
文件命名完毕
>>>
```

图 12.20 文件命名完毕

在使用 rename() 函数重命名目录时，只能修改最后一级的目录名称，否则抛出异常，如图 12.21 所示。

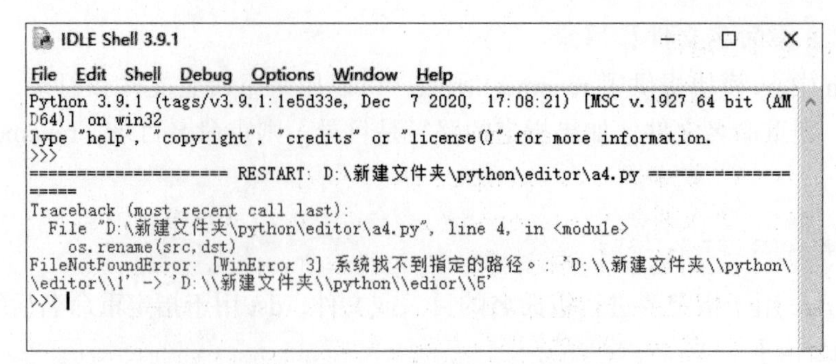

图 12.21 修改上级目录出现的异常

❖ 12.3.3 获取文件基本信息

在计算机上创建文件后，该文件本身就会包含一些信息。例如，文件的最后一次访问时间、最后一次修改时间、文件大小等基本信息。通过 os 模块的 stat() 函数可以获取到文件的这些基本信息。stat() 函数的语法格式如下。

```
os.stat(path)
```

其中，path 为要获取文件基本信息的文件路径，可以是相对路径，也可以是绝对路径。

stat() 函数的返回值是一个对象，该对象包含的属性，如表 12.5 所示。通过访问这些属性可以获取文件的基本信息。

表 12.5 stat 函数的属性

属性	说明
st_mode	保护模式
st_into	索引号
st_nlink	硬链接号（被连接数目）
st_size	文件大小，单位为字节
st_dev	设备名
st_uid	用户 ID
st_gid	组 ID
st_atime	最后一次访问时间
st_mtime	最后一次修改时间
st_ctime	最后一次状态变化的时间（系统不同返回的结果也不同，如在 Windows 操作系统下返回的是文件的创建时间）

【例 12.15】

```
01  import os  # 导入 os 模块
02  example=os.stat("a3.py")  # 获取文件的基本信息
03  print(" 文件完整路径 :",os.path.abspath("a3.py"))  # 获取文件
```

```
    的完整数路径
04  # 输出文件基本信息
05  print(" 索引号 :",example.st_ino)
06  print(" 设备名 :",example.st_dev)
07  print(" 文件大小 :",example.st_size," 字节 ")
08  print(" 最后一次访问时间 :",example.st_atime)
09  print(" 最后一次修改时间 :",example.st_mtime)
10  print(" 最后一次状态变化时间 :",example.st_ctime)
```

运行结果，如图 12.22 所示。

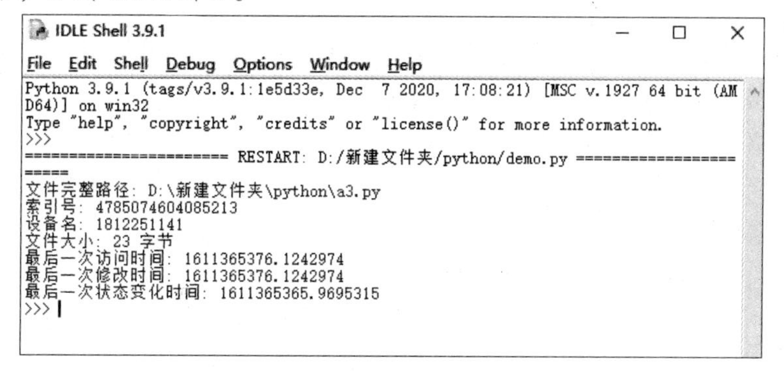

图 12.22 运行结果

第十三章 操作数据库

✦ 13.1 数据库编程接口

为了对数据库进行统一的操作，大多数语言都提供了标准化的数据库接口（API）。数据库提供了接口，Python 定义了规范（包括操作数据的对象、函数等），通过 Python 定义的对象就能直接调用数据库提供的接口来操作数据库。

API（Application Programming Interface）即应用程序接口。可以认为 API 是一个软件组件，或是一个 Web 服务与外界进行交互的接口。

➤ 1. 从功能层面上

可以将接口简单理解为一个盒子，其上游负责输入参数，下游负责输出参数，类似于平时的黑盒测试对象，如图 13.1 所示。

图 13.1 黑盒测试

➤ 2. 从数据流层面上

可以将接口理解为连接前端（Web 页面、APP 等）和数据库（Database）等后端的纽带，用于二者之间传递数据、处理数据，如图 13.2 所示。

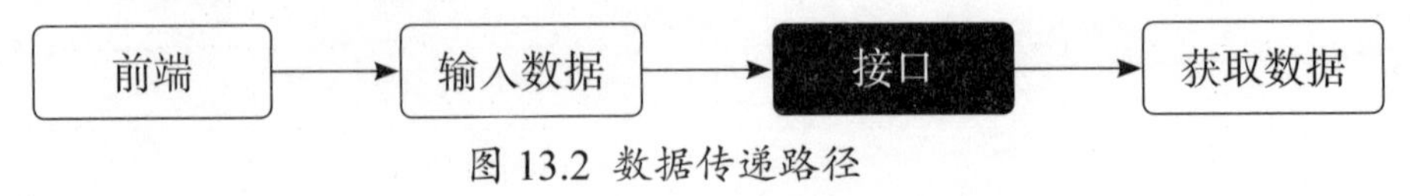

图 13.2 数据传递路径

➤ 3. 从编程层面上

可以将接口理解为业务逻辑处理方法的外在表现形式，如图 13.3 所示。它可以是一个类，也可以是一个函数。

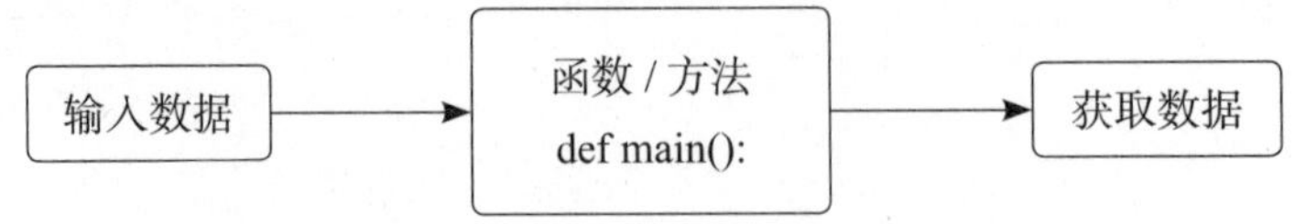

图 13.3 通过函数方式编辑数据并输出

❖ 13.1.1 连接对象

数据库连接对象主要提供获取数据库游标对象和提交 / 回滚实务的方法，以及关闭数据库连接。

获取连接对象，需要使用 connect() 函数。connect() 函数包含多个参数，具体使用哪个参数，根据使用的数据库类型判断。

连接对象的方法，如表 13.1 所示。

表 13.1 连接对象及其说明

方法名	说明
close()	关闭数据库连接
commit()	提交事务
rollback()	回滚事务
cursor()	获取游标对象，操作数据库，如执行 DML 操作、调用存储过程等

❖ 13.1.2 游标对象

游标对象主要提供执行 SQL 语句、调用存储过程、获取查询结果等方法。

游标对象的属性：

description：数据库列和值的描述信息。

rowcount：返回行数统计信息，如 select、update 等。

游标对象的方法，如表 13.2 所示。

表 13.2 游标对象及其说明

方法名	说明
callproc(procname,[, parameters])	调用存储过程，需要数据库支持
close()	关闭当前游标
execute(operation[, parameters])	执行数据库操作，SQL 语句或者数据库命令
executemany(operation, seq_ of_ params)	用于批量操作，如批量更新、批量转移等
fetchone()	获取查询结果集中的下一条记录
fetchmany(size)	获取指定数量的记录
fetchall()	获取结果集的所有记录
nextset()	跳至下一个可用的结果集
arraysize	指定使用 fetchmany() 获取的行数，默认为 1
setinputsizes(sizes)	设置在调用 execute*() 方法时分配的内存区域大小
setoutputsize(sizes)	设置列缓冲区大小，对大数据列，如 LONGS 和 BLOBS 尤其有用

✦ 13.2 使用 SQLite

SQLite 以其零配置而闻名，所以不需要复杂的设置或管理。因其本身就只是一个 .db 文件，所以直接下载到电脑里相应的文件就可以运行了。

在 Windows 操作系统上安装 SQLite 数据库的步骤如下。

(1) 打开 SQLite 官方网站或访问下载页面 - http://www.sqlite.org/download.html 并下载

预编译的 Windows 二进制文件。

(2) 下载 sqlite-dll 的 zip 文件，如 sqlite-tools-win32-x86-3340100.zip 文件，如图 13.4 所示。

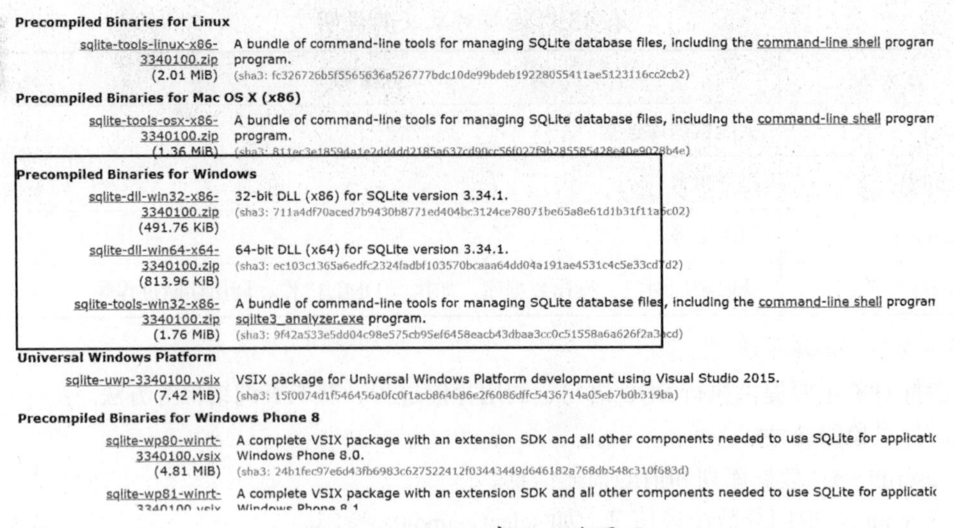

图 13.4　SQLite 官方下载界面

注意

根据电脑配置不同，32 位操作系统选择 32 位的，64 位操作系统选择 64 位的。

(3) 将下载的 .zip 文件解压到目录文件夹，然后就可以使用 sqlite 了，如图 13.5 所示。

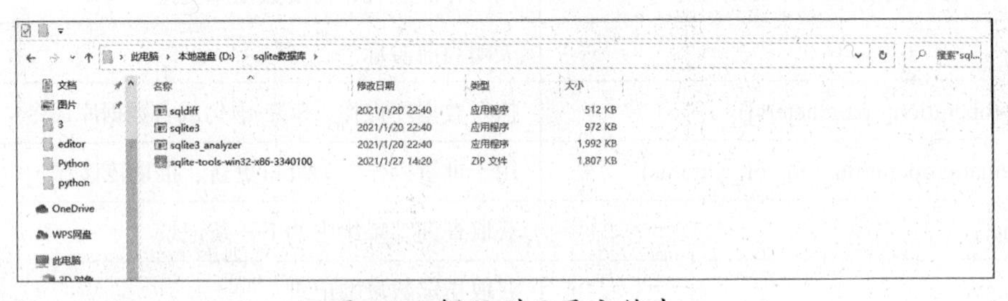

图 13.5　解压到目录文件夹

❖ 13.2.1 创建数据库文件

创建 sqlite 数据库文件有以下两种方法。

(1) 暂时性数据库，程序关闭后数据不保存，一般用于临时数据验证或临时测试，不利于数据库分离。操作步骤如下：直接双击运行 sqlite3.exe 应用程序，得到结果显示，如图 13.6 所示；然后数据 sqlite 相关操作命令可进行临时性的数据库操作。

图 13.6　运行 sqlite3.exe 应用程序

(2) 创建永久性的数据库文件，只要不人为删除，数据库文件一直保存，操作步骤如下。

①进入 F:\sqlite 目录并使用 cmd 窗口打开 sqlite3 命令。输入 sqlite3，如图 13.7 所示。

```
C:\WINDOWS\system32\cmd.exe - sqlite3
Microsoft Windows [版本 10.0.18363.1316]
(c) 2019 Microsoft Corporation。保留所有权利。

C:\Users\111>D:

D:\>cd sqlite数据库

D:\sqlite数据库>sqlite3
SQLite version 3.34.1 2021-01-20 14:10:07
Enter ".help" for usage hints.
Connected to a transient in-memory database.
Use ".open FILENAME" to reopen on a persistent database.
sqlite>
```

图 13.7 创建数据库文件

☞ 提示

按下键盘上的“ win+R” 组合键，或者单击开始菜单中的“运行”选项，然后输入“cmd”，单击“确定”按钮，就打开了 CMD 命令窗口。

如果要进入 D 盘中的某个目录，则输入 D:，按回车键，就进入了 D 盘。若要进入 D 盘中的“sqlite 数据库”目录，则在上面的基础上输入 cd sqlite 数据库（cd 与 sqlite 数据库之间是有个空格的），然后按回车键，这样就进入了 sqlite 数据库这个文件夹目录。

②使用 sqlite3 数据库名 .db 的方式可以打开数据库文件，如果该数据库文件不存在，则创建一个文件。例如，创建一个 study.db 的数据库文件，输入 sqlite3 study.db，如图 13.8 所示。

```
C:\WINDOWS\system32\cmd.exe - sqlite3 study.db
Microsoft Windows [版本 10.0.18363.1316]
(c) 2019 Microsoft Corporation。保留所有权利。

C:\Users\111>D:

D:\>cd sqlite数据库

D:\sqlite数据库>sqlite3 study.db
SQLite version 3.34.1 2021-01-20 14:10:07
Enter ".help" for usage hints.
sqlite> .database
main: D:\sqlite数据库\study.db r/w
sqlite>
```

图 13.8 创建 study.db

③使用 .database 可以查看创建的数据库，或者在 D:\sqlite 数据库目录下查看新创建的数据库，如图 13.9 所示。

此电脑 › 本地磁盘 (D:) › sqlite数据库

名称	修改日期	类型	大小
d1	2021/1/27 15:20	Python File	1 KB
sqldiff	2021/1/20 22:40	应用程序	512 KB
sqlite3	2021/1/20 22:40	应用程序	972 KB
sqlite3_analyzer	2021/1/20 22:40	应用程序	1,992 KB
sqlite-tools-win32-x86-3340100	2021/1/27 14:20	ZIP 文件	1,807 KB
study	2021/1/27 15:20	Data Base File	12 KB

图 13.9 在文件中查看 study.db

④然后使用 .quit 命令退出 sqlite 提示符，如图 13.10 所示。

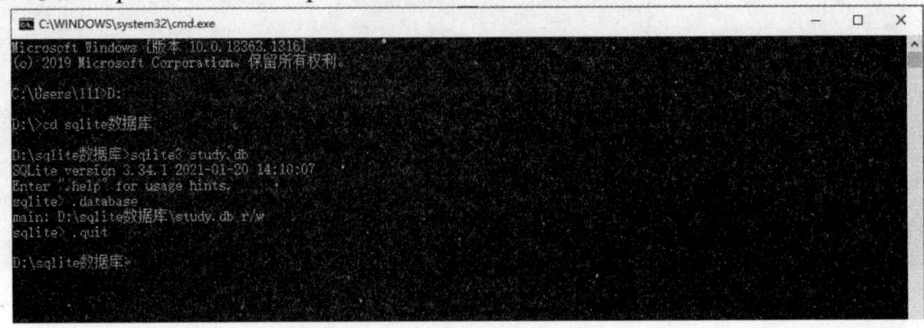

图 13.10 退出 sqlite

至此，数据库创建基本完成。

❖ 13.2.2 操作 SQLite

【例 13.1】

```
01  # 导入 SQLite 驱动
02  import sqlite3
03  # 连接到 SQLite 数据库
04  # 数据库文件是 study.db
05  # 如果文件不存在，会自动在当前目录创建
06  connection = sqlite3.connect('study.db')
07  # 创建一个 Cursor
08  cursor = connection.cursor()
09  # 执行一条 SQL 语句，创建 user 表
10  cursor.execute('create table user (id varchar(20)
    primary key, name varchar(20))')
11  # <sqlite3.Cursor object at 0x10f8aa260>
12  # 继续执行一条 SQL 语句，插入一条记录
13  cursor.execute('insert into user (id, name) values (\'1\',
    \'Michael\')')
14  # <sqlite3.Cursor object at 0x10f8aa260>
15  # 通过 rowcount 获得插入的行数
16  cursor.rowcount
17  # 1
18  # 关闭 Cursor
19  cursor.close()
20  # 提交事务
21  connection.commit()
22  # 关闭 Connection
23  connection.close()
```

执行上述程序，若抛出如图 13.11 所示的错误，是因为重复创建了表格，在 create table 后面添加 if not exists 字符即可解决。

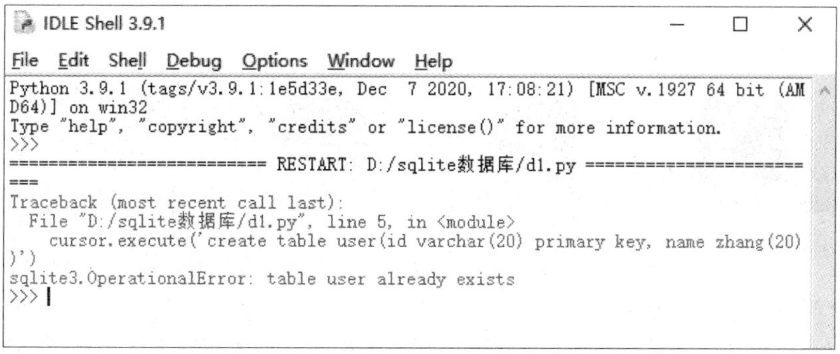

```
IDLE Shell 3.9.1
File Edit Shell Debug Options Window Help
Python 3.9.1 (tags/v3.9.1:1e5d33e, Dec  7 2020, 17:08:21) [MSC v.1927 64 bit (AM
D64)] on win32
Type "help", "copyright", "credits" or "license()" for more information.
>>>
========================= RESTART: D:/sqlite数据库/d1.py =====================
===
Traceback (most recent call last):
  File "D:/sqlite数据库/d1.py", line 5, in <module>
    cursor.execute('create table user(id varchar(20) primary key, name zhang(20)
)')
sqlite3.OperationalError: table user already exists
>>>
```

图 13.11 操作 SQLite 数据库时抛出的异常

✦ 13.3 使用 MySQL

MySQL 是 Web 世界中使用最广泛的数据库服务器。SQLite 的特点是轻量级、可嵌入，但不能承受高并发访问，适合桌面和移动应用。而 MySQL 是为服务器端设计的数据库，能承受高并发访问，同时占用的内存也远远大于 SQLite。

❖ 13.3.1 下载和安装 MySQL

可以直接从 MySQL 官方网站上下载最新的版本。MySQL 是跨平台的，选择对应的平台下载安装文件，安装即可。

安装时，MySQL 会提示输入 root 用户的口令，请务必记清楚。如果怕记不住，就把口令设置为 password。

在 Windows 上，安装时请选择 UTF-8 编码，以便正确地处理中文。

在 Mac 或 Linux 上，需要编辑 MySQL 的配置文件，把数据库默认的编码全部改为 UTF-8。MySQL 的配置文件默认存放在 /etc/my.cnf 或者 /etc/mysql/my.cnf：

```
[client]default-character-set = utf8
[mysqld]default-storage-engine = INNODBcharacter-set-server
 = utf8collation-server = utf8_general_ci
```

重启 MySQL 后，可以通过 MySQL 的客户端命令行检查编码：

```
$ mysql -u root -p
Enter password:
Welcome to the MySQL monitor...
...

mysql> show variables like '%char%';
+------------------+-----------------------------------------+
| Variable_name   | Value                  |
+------------------+-----------------------------------------+
| character_set_client   | utf8                  |
| character_set_connection   | utf8                  |
| character_set_database   | utf8                  |
| character_set_filesystem   | binary                  |
```

```
| character_set_results   | utf8                |
| character_set_server   | utf8                |
| character_set_system   | utf8                |
| character_sets_dir   | /usr/local/mysql-5.1.65-osx10.6-x86_64/
share/charsets/                    |
+----------------+--------------------------------------+
8 rows in set (0.00 sec)
```

出现 utf8 字样就表示编码设置正确。

注意

如果 MySQL 的版本≥5.5.3，可以把编码设置为 utf8mb4，utf8mb4 和 utf8 完全兼容，但它支持最新的 Unicode 标准，可以显示 emoji 字符。

❖ 13.3.2 安装 PyMySQL

由于 MySQL 服务器以独立的进程运行，并通过网络对外服务，所以需要支持 Python 的 MySQL 驱动来连接到 MySQL 服务器。MySQL 官方提供了 mysql-connector-python 驱动，但是安装的时候需要给 pip 命令加上参数 --allow-external：

```
$ pip install mysql-connector-python --allow-external mysql-
connector-python
```

如果上面的命令安装失败，可以试试另一个驱动：

```
$ pip install mysql-connector
```

❖ 13.3.3 连接数据库

下面通过一个示例来演示如何连接到 MySQL 服务器的 test 数据库。

【例 13.2】

```
01  # 导入 MySQL 驱动
02  >>> import mysql.connector
03  # 注意把 password 设为 root 口令
04  >>> conn = mysql.connector.connect(user='root',
    password='password', database='test')
05  >>> cursor = conn.cursor()
06  # 创建 user 表
07  >>> cursor.execute('create table user (id varchar(20)
    primary key, name varchar(20))')
08  # 插入一行记录，注意 MySQL 的占位符是 %s
09  >>> cursor.execute('insert into user (id, name) values
    (%s, %s)', ['1', 'Michael'])
10  >>> cursor.rowcount1
11  # 提交事务
12  >>> conn.commit()
13  >>> cursor.close()
```

```
14  # 运行查询
15  >>> cursor = conn.cursor()
16  >>> cursor.execute('select * from user where id = %s',
    ('1',))
17  >>> values = cursor.fetchall()
18  >>> values
19  [('1', 'Michael')]
20  # 关闭Cursor和Connection
21  >>> cursor.close()
22  True
23  >>> conn.close()
```

由于Python的DB-API定义都是通用的，所以操作MySQL的数据库代码和SQLite类似。

❖ 13.3.4 创建数据表

连接到数据库后下一步可以创建数据表了。

创建MySQL数据表需要以下信息：①表名；②表字段名；③定义每个表字段。

创建MySQL数据表的SQL通用语法：

```
create table table_name (column_name column_type);
```

下面通过具体代码来了解创建数据表操作。

```
01  create table class
02  (
03      code varchar(20) primary key,
04      name varchar(20) not null
05  );
06  create table tiamming
07  (
08      ids int auto_increment primary key,
09      uid varchar(20),
10      name varchar(20),
11      class varchar(20),
12      foreign key (class)  references class(code)
13  );
```

※ 说明

(1) 自增长代码代表：auto_increment。

(2) 主建的代码代表：primary key。

(3) 外键的代码代表公式：foreign key (列名) references 主表名(列名)。

foreign key+(列名) 代表给哪一个加外键；references要引用哪个表里的列。

(4) 是否为空：不为空的代码是not null。

第十四章 Django Web 框架

14.1 常用的 Web 开发框架

1. Django

Django 是一个由 Python 写成的开放源代码的 Web 应用框架。这套框架是以比利时的吉普赛爵士吉他手 Django Reinhardt 来命名的。Django 的主要目标是使开发复杂、数据库驱动的网站变得简单。Django 注重组件的重用性和“可插拔性”、敏捷开发和 DRY(Don't Repeat Yourself) 法则。

2. Flask

Flask 是一个微型的 Python 开发的 Web 框架，基于 Werkzeug WSGI 工具箱和 Jinja2 模板引擎编写。Flask 使用 BSD 授权。Flask 也被称为“microframework”，它主要面向需求简单，项目周期短的 Web 小应用。

3. Meteor

Meteor 是一种新型 JavaScript 框架，用于 WebApp 应用程序开发。Meteor 的基础构架是 Node.JS+MongoDB，它把这个基础构架同时延伸到了浏览器端，如果 App 用纯 JavaScript 写成，JS APIs 和 DB APIs 就可以同时在服务器端和客户端无差异地调用，本地和远程数据通过 DDP（Distributed Data Protocol）协议传输。

4. Laravel

Laravel 是一个简单优雅的 PHP Web 开发框架，允许开发者通过简单、高雅、表达式语法开发出很棒的 Web 应用，将开发者从“意大利面条式代码”中解放出来。Laravel 在功能上具有语法表现力更丰富、高质量的文档、丰富的扩展包、开源免费，易于理解并且提供了强大的工具用以开发大型、健壮的应用。

5. Tornado

Tornado 龙卷风是一个开源的网络服务器框架，旨在解决 C10K 问题，它是基于社交聚合网站 FriendFeed 的实时信息服务开发而来的。为了更加有效地利用非阻塞服务器环境，它的 Web 框架还包含了一些相关的有用工具和优化。由于在设计之初就考虑到了性能因素，这样的设计使其成为一个拥有高性能的框架。

14.2 Django 流程介绍

Django 的运行流程，如图 14.1 所示。

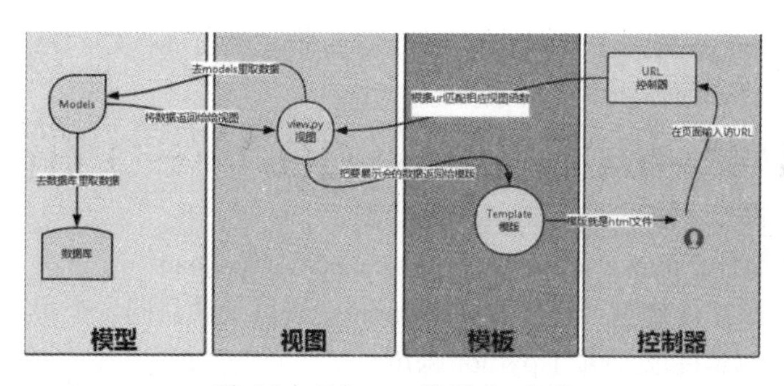

图 14.1 Django 的运行流程

➤ 1. Django 的 MVC 模式

Model（模型）：表示应用程序核心（如数据库记录列表）。

View（视图）：显示数据（数据库记录）。

Controller（控制器）：处理输入（写入数据库记录）。

MVC 模式的优点有耦合性低，重用性高，生命周期成本低，部署快，可维护性高，有利软件工程化管理等。MVC 模式示意图，如图 14.2 所示。

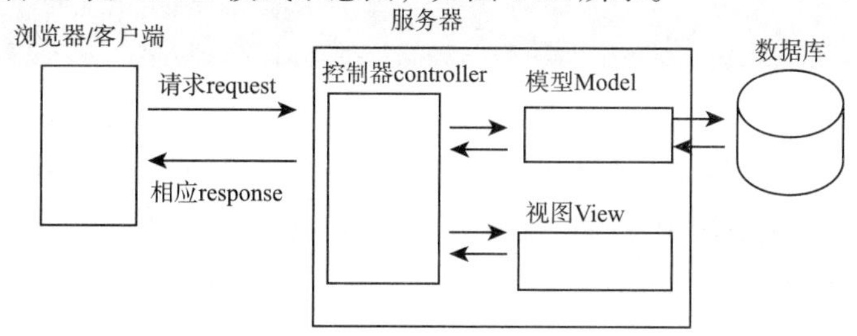

图 14.2 MVC 模式示意图

➤ 2. Django 的 MTV 模式

Model（模型）：负责业务对象与数据库的对象（ORM）。

Template（模板）：负责如何把页面展示给用户。

View（视图）：负责业务逻辑，并在适当的时候调用 Model 和 Template。

MTV 模式示意图，如图 14.3 所示。

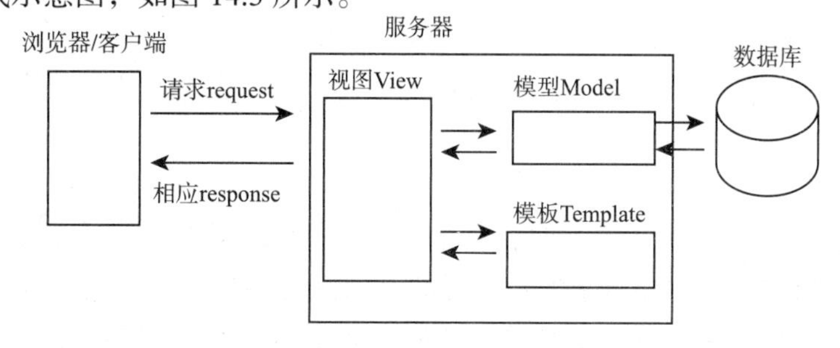

图 14.3 MTV 模式示意图

通过以上两种模式的比较，我们可以得出 MTV 是 MVC 的一种细化，将原来 MVC 中的 V 层拿出来进行分离，视图的显示与如何显示交给 Template 层，而 View 层更专注于实现业务逻辑。其实在 Django 是有 Controller 层的，只不过它由框架本身来实现，所以我们不用关心它。Django 更关注于 M、T 和 V。Django 遵循了 MVC 的思想，但是在具体实现上，Django 是 MVT 框架模式。

14.3 安装 Django 框架

在 Windows 操作系统下安装 Django 的步骤如下。

Django 下载地址：https://www.djangoproject.com/download/。

(1) 下载 Django 压缩包，解压并和 Python 安装目录放在同一个根目录。

(2) 进入 Django 目录，执行 python setup.py install，然后开始安装。

(3) Django 将要被安装到 Python 的 Lib 下 site-packages 中，如图 14.4 所示。

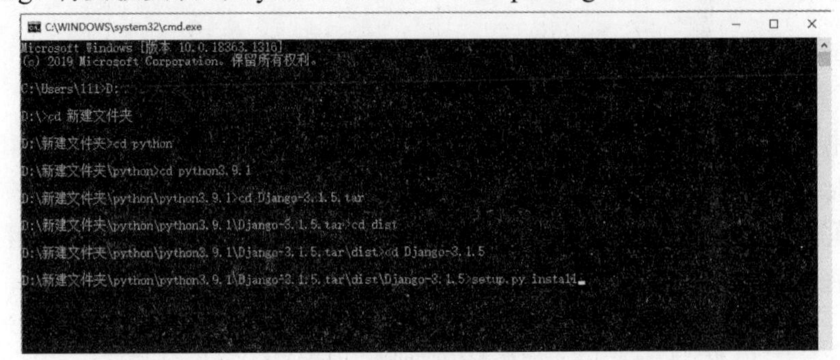

图 14.4 安装目录

(4) 下一步配置环境变量。右击此电脑—属性—高级系统设置—高级—环境变量。

在弹出的环境变量窗口中选择系统变量，找到 path 变量，把 python 和 Django 的安装目录分别添加进去，如图 14.5 所示。

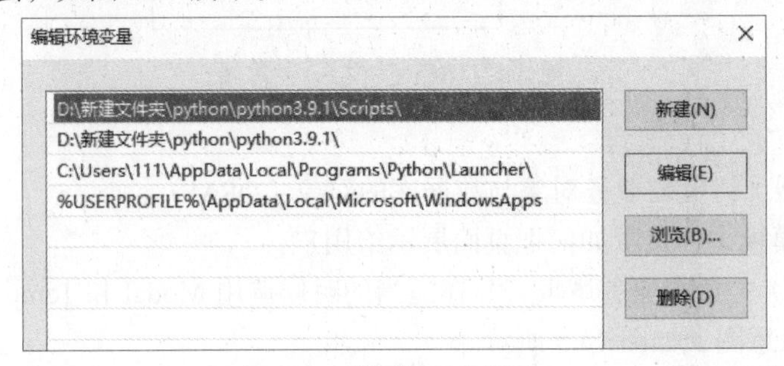

图 14.5 安装环境变量

(5) 添加完成后就可以使用 Django 的 django-admin.py 命令新建工程了。

输入以下命令进行检查：

```
01  import django
02  django.get_version()
```

输出结果，如图 14.6 所示。

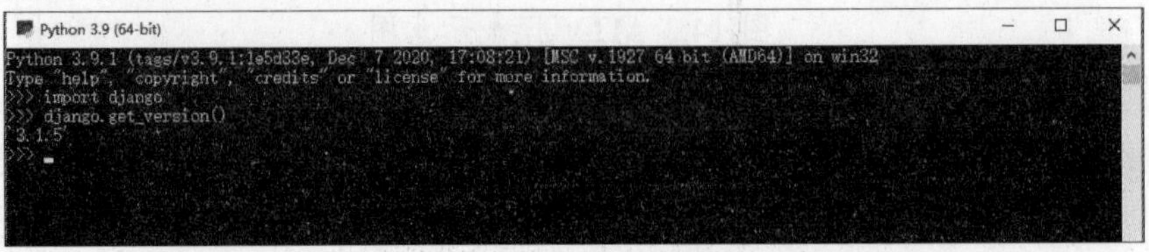

图 14.6 输入命令检查

(6) 如果输出了 Django 的版本号说明安装正确。

注意

(1) 注意环境变量和版本，上述安装过程是在 Win10 系统下安装的。
(2) Windows 环境下和 Linux 环境下不一样，使用 Linux 的用户要注意区分。

14.4 Django Web 框架的使用

14.4.1 创建 Django 项目

安装 Django 之后，应该已经有了可用的管理工具 django-admin.py，Windows 操作系统如果没有配置环境变量可以用 django-admin。我们可以使用 django-admin.py 来创建一个项目。

先来看下 django-admin 的命令介绍。

```
$ django-admin.py
Type 'django-admin help <subcommand>' for help on a specific
subcommand.
Available subcommands:
[django]
    check
    compilemessages
    createcachetable
    dbshell
    diffsettings
    dumpdata
    flush
    inspectdb
    loaddata
    makemessages
    makemigrations
    migrate
    runserver
    sendtestemail
    shell
    showmigrations
    sqlflush
    sqlmigrate
    sqlsequencereset
    squashmigrations
    Startapp
    startproject
    test
    testserver
```

从输出结果可以看到，有许多子命令可以帮助我们进行 web 开发。

1. 创建一个项目

下面通过一个在网页上显示“hello world”的小程序来简单了解 Django 的使用方法。

使用 django-admin.py 来创建 HelloWorld 项目。

(1) 打开命令行，进入想放置代码的目录，然后运行以下命令。

```
django-admin.py startproject HelloWorld
```

运行结果，如图 14.7 所示。

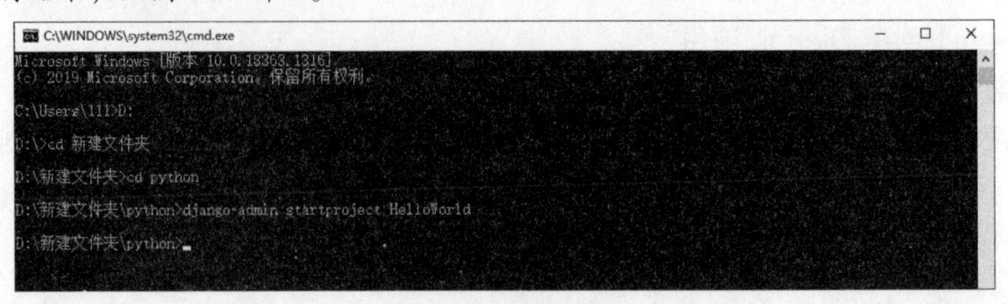

图 14.7 文件目录

(2) 创建完成后我们可以进入该文件夹查看这个项目的目录结构，如图 14.8 所示。

此电脑 › 本地磁盘 (D:) › 新建文件夹 › python › HelloWorld › HelloWorld

名称	修改日期	类型	大小
init	2021/2/1 16:58	Python File	0 KB
asgi	2021/2/1 16:58	Python File	1 KB
settings	2021/2/1 16:58	Python File	4 KB
urls	2021/2/1 16:58	Python File	1 KB
wsgi	2021/2/1 16:58	Python File	1 KB

图 14.8 文件夹内目录结构

目录说明：

HelloWorld: 项目的容器。

manage.py: 一个实用的命令行工具，可让你以各种方式与该 Django 项目进行交互。

HelloWorld/__init__.py: 一个空文件，告诉 Python 该目录是一个 Python 包。

HelloWorld/asgi.py: 一个 ASGI 兼容的 Web 服务器的入口，以便运行你的项目。

HelloWorld/settings.py: 该 Django 项目的设置 / 配置。

HelloWorld/urls.py: 该 Django 项目的 URL 声明，一份由 Django 驱动的网站“目录”。

HelloWorld/wsgi.py: 一个 WSGI 兼容的 Web 服务器的入口，以便运行你的项目。

(3) 接下来我们进入 djangotest 目录输入以下命令，启动服务器。

```
python manage.py runserver 0.0.0.0:8000
```

运行结果，如图 14.9 所示。

```
E:\pyworkplace01\djangotest>python manage.py runserver 0.0.0.0:8000
Performing system checks...

System check identified no issues (0 silenced).

You have 15 unapplied migration(s). Your project may not work properly until you apply the migrations for app(s): admin, auth, contenttypes, sessions.
Run 'python manage.py migrate' to apply them.
May 26, 2019 - 08:06:43
Django version 2.1, using settings 'djangotest.settings'
Starting development server at http://0.0.0.0:8000/
Quit the server with CTRL-BREAK.
```

图 14.9 启动服务器

注意

0.0.0.0 让其他电脑可连接到开发服务器，8000 为端口号。如果不说明，那么端口号默认为 8000。

(4) 在浏览器输入服务器的 ip（这里我们输入本机 IP 地址：192.168.1.119:8000）及端口号，如果正常启动，输出结果，如图 14.10 所示。

图 14.10 页面显示

2. 视图和 URL 配置

在先前创建的 HelloWorld 目录下的 HelloWorld 目录新建一个 view.py 文件，并输入如下代码。

```
01  from django.shortcuts import render
02
03
04  def hello(request):
05      context = {}
06      context('hello') = 'Hello World!'
07      return render(request, 'hello.html', context)
```

接着，绑定 URL 与视图函数。打开 urls.py 文件，删除原来代码，将如下代码输入到 urls.py 文件中：

```
01  from django.urls import path
02
03  from . import view
04
05  urlpatterns = [
06      path('hello/', view.hello),
07  ]
```

在 djangotest 项目的 templates 的目录下新建 html 页面，代码如下。

```
01  <!DOCTYPE html>
02  <html lang="en">
03  <head>
04      <meta charset="UTF-8">
05      <title>Title</title>
```

```
06  </head>
07  <body>
08  <h1>{{ hello }}</h1>
09  </body>
10  </html>
```

➤ 3. 修改 HelloWorld 项目 HelloWorld 目录下的 settings.py 文件

通过浏览器打开 http://192.168.1.119:8000/hello，输出结果，如图 14.11 所示。

图 14.11　浏览器显示

❖ 14.4.2 数据模型 Model 与简单操作

数据模型，即 Model，也就是 MVT 中的 M，用于定义项目中的实体及其关系，每个模型都是一个 Python 的类，这些类继承 django.db.models.Model 一个模型类对应一张数据表，模型类的每个属性都相当于一个数据库的字段。Django 提供了一系列 API 来操作数据表，代码如下。

```
01  class Image(models.Model):
02      user = models.ForeignKey(User,
03      related_name='images_created',on_delete=models.CASCADE)
04      title = models.CharField(max_length=200)
05  slug = models.SlugField(max_length=200)
06  url = models.URLField()
07  image = models.ImageField(upload_to='images/%Y/%m/%d/')
08      description = models.TextField(blank=True)
09      created = models.DateField(auto_now_add=True,db_
    index=True)
10  users_like = models.ManyToManyField(settings.AUTH_USER_
    MODEL,
11  related_name='images_liked',blank=True)total_likes =
    models.PositiveIntegerField(db_index=True,default=0)
```

数据模型的简单操作，包括查找、增添、删除、更改等。

(1) 查找。

```
01  models.UserInfo.objects.all()
02 models.UserInfo.objects.all().values('user') # 只取 user 列
03 models.UserInfo.objects.all().values_list('id','user')
    # 取出 id 和 user 列，并生成一个列表
```

```
04 models.UserInfo.objects.get(id=1) # 取 id=1 的数据
05 models.UserInfo.objects.get(user='rose')
    # 取 user= 'rose' 的数据
```

(2) 增添。

```
models.UserInfo.objects.create(user='rose',pwd='123456')
```

或者

```
01  obj = models.UserInfo(user='rose',pwd='123456')
02  obj.save()
```

或者

```
01  dic = {'user':'rose','pwd':'123456'}
02  models.UserInfo.objects.create(**dic)
```

(3) 删除。

```
models.UserInfo.objects.filter(user='rose').delete()
```

(4) 更改。

```
models.UserInfo.objects.filter(user='rose').update(pwd='520')
```

或者

```
01  obj = models.UserInfo.objects.get(user='rose')
02  obj.pwd = '520'
03  obj.save()
```

❖ 14.4.3 管理后台

定义好数据模型，就可以配置管理后台了，按照如下代码编辑 APP1 下面的 admin.py 文件。

```
01  from django.contrib import admin
02  from .models import Post
03  @admin.register(Post)
04  class PostAdmin(admin.ModelAdmin):
05      list_display = ('title', 'slug', 'author', 'publish', 'status')
06      list_filter = ('status', 'created', 'publish', 'author')
07      search_fileds = ('title', 'body')
08      prepopulated_fields = {'slug':('title',)}
09      raw_id_fields = ('author',)
10      date_hierarchy = 'publish'
11      ordering = ('status', 'publish')
```

配置完成后，启动开发服务器，访问 http://192.168.1.119:8000/admin。然后刷新页面，进入 Posts 页面可发现 Post 模型的显示已经按照上面定义的内容进行显示了，如图 14.12 所示。

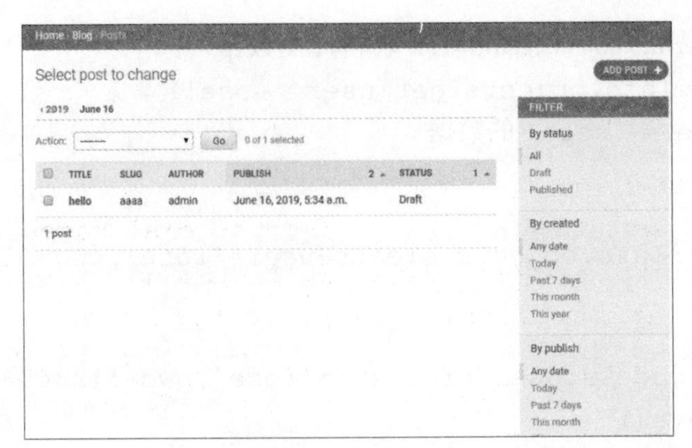

图 14.12 Posts 页面显示

❖ 14.4.4 路由

➤ 1.URL（路由）的概念

URL 是 Web 服务的入口，用户通过浏览器发送过来的任何请求，都是发送到一个指定的 URL 地址，然后被响应。

在 Django 项目中编写路由，就是向外暴露我们接收哪些 URL 的请求，除此之外的任何 URL 都不被处理，也没有返回。通俗地理解，URL 路由是 Web 服务对外暴露的 API。

Django 提倡使用简洁、优雅的 URL，没有 .php 或 .cgi 这种后缀，更不会单独使用 0、2097、1-1-1928、00 这样无意义的东西，可以随心所欲设计 URL，不受框架束缚。

➤ 2. Django 处理请求

当用户请求一个页面时，Django 根据下面的逻辑执行操作：

决定要使用的根 URLconf 模块。一般来说，这是 ROOT_URLCONF 设置的值，但是如果传入的 HttpRequest 对象具有 urlconf 属性（由中间件设置），则其值将被用于代替 ROOT_URLCONF 设置。就是可以自定义项目入口 url 是哪个文件。

加载该模块并寻找可用的 urlpatterns。这是 django.conf.urls.url() 实例的一个列表。

依次匹配每个 URL 模式，在与请求的 URL 相匹配的第一个模式停下来。也就是说，url 匹配是从上往下的短路操作，所以 url 在列表中的位置非常关键。

导入并调用匹配行中给定的视图，该视图是一个简单的 Python 函数（被称为视图函数），或基于类的视图。视图将获得如下参数：

(1) 一个 HttpRequest 实例。

(2) 如果匹配的正则表达式返回了没有命名的组，那么正则表达式匹配的内容将作为位置参数提供给视图。

(3) 关键字参数由正则表达式匹配的命名组组成，但是可以被 django.conf.urls.url() 的可选参数 kwargs 覆盖。

如果没有匹配到正则表达式，或者过程中抛出异常，将调用一个适当的错误处理视图。下面是一个 URLconf 示例：

```
01  from django.conf.urls import url
```

```
02
03  from.import views
04
05  urlpatterns = [
06  url(r'^articles/2003/$', views.special_case_2003),
07  url(r'^articles/([0-9]{4})/$', views.year_archive),
08  url(r'^articles/([0-9]{4})/([0-9]{2})/$', views.month_
    archive),
09  url(r'^articles/([0-9]{4})/([0-9]{2})/([0-9]+)/$',
    views.article_detail),
10  ]
```

※ 说明

(1) 要从 URL 捕获一个值，只需要将其括起来。

(2) 没有必要添加一个主要的斜杠，因为每个 URL 都含有。例如，^articles，不是 ^/articles。

(3) 正则表达式前面的 'r' 是可选的，但是推荐使用。它告诉 Python 这个字符串是一个 'raw'（元字符串，字符串中没有任何内容被转义）。

3. path 转换器

在 django2.0 以上的版本中，默认使用的是 path 转换器，我们以此举例，代码如下。

```
01  from django.urls import path
02
03  from.import views
04
05  urlpatterns = [
06      path('articles/2003/', views.special_case_2003),
07      path('articles/<int:year>/', views.year_archive),
08      path('articles/<int:year>/<int:month>/', views.month_
    archive),
09       path('articles/<int:year>/<int:month>/<slug:slug>/',
    views.article_detail),
10  ]
```

要点：

(1) 要捕获一段 url 中的值，需要使用尖括号 <>，而不是之前的圆括号 ()。

(2) 可以转换捕获到的值为指定类型，如例子中的 int。默认情况下，捕获到的结果保存为字符串类型，不包含 / 这个特殊字符。

(3) 匹配模式的最开头不需要添加 /，因为默认情况下，每个 url 都带一个最前面的 /，既然大家都有的部分，就不用浪费时间特别写一个了。

匹配示例：

/articles/2005/03/ 将匹配 urlpatterns 中的第三条规则，并调用 views.month_archive(request, year=2005, month=3)；

/articles/2003/ 匹配第一条规则，并调用 views.special_case_2003(request)；

/articles/2003 将不能匹配任意一条规则，因为它最后少了一个斜杠，而列表中的所有模式中都以斜杠结尾；

/articles/2003/03/building-a-django-site/ 将匹配最后一条规则，并调用 views.article_detail(request, year=2003, month=3, slug="building-a-django-site"。

默认情况下，Django 内置下面的路径转换器：

str：匹配任何非空字符串，但不含斜杠“/”，如果你没有专门指定转换器，那么这个是默认使用的。

int：匹配 0 和正整数，返回一个 int 类型。

slug：可理解为注释、后缀、附属等概念，是 url 拖在最后的一部分解释性字符。该转换器匹配任何 ASCII 字符以及连接符和下划线，如“ building-your-1st-django-site”。

uuid：匹配一个 uuid 格式的对象。为了防止冲突，规定必须使用破折号，所有字母必须小写，如“075194d3-6885-417e-a8a8-6c931e272f00”。返回一个 UUID 对象。

path：匹配任何非空字符串，重点是可以包含路径分隔符“/”。这个转换器可以帮助你匹配整个 url 而不是一段一段的 URL 字符串。

❖ 14.4.5 表单

Django 的 Form 表单类与 Django 模型描述对象的逻辑结构、行为以及它呈现给我们内容的形式的方式大致相同。

之所以有了模型，还要自己创建表单类，是因为模型中有一些字段不需要用户从前端输入数据，或者需要用户额外输入一些非模型字段的数据。Form 表单精确控制了这些行为，相当于在用户 HTML 表单输入框和 Django 模型之间的中间件。

假设从表单接收用户名数据，一般情况下，需要在 HTML 中手动编写一个如下的表单元素：

```
01  <form action="/your-name/" method="post">
02  <label for="your_name">Your name: </label>
03  <input id="your_name" type="text" name="your_name"
    value="{{ current_name }}">
04  <input type="submit" value="OK"></form>
```

<form action="/your-name/" method="post"> 这一行定义了我们的发送目的地 /your-name/ 和 HTTP 方法 POST。form 元素内部还定义了一个说明标签 <label> 和一个发送按钮“submit”，以及最关键的接收用户输入的 <input> 元素。

➤ 1. 编写表单类

我们可以通过 Django 提供的 Form 类用来生成上面的表单，不再需要手动在 HTML 中编写。

首先，在当前 app 内新建一个 forms.py 文件（这个操作是 Django 的惯用手法，就像

views.py、models.py 等等），然后输入以下的内容：

```
01  from django import forms
02  class NameForm(forms.Form):
03      your_name = forms.CharField(label='Your name', max_
    length=100)
```

要点：

（1）提前导入 forms 模块。

（2）所有的表单类都要继承 forms.Form 类。

（3）每个表单字段都有自己的字段类型比如 CharField，它们分别对应一种 HTML 语言中的 <form> 元素中的表单元素。这一点和 Django 模型系统的设计非常相似。

（4）例子中的 label 用于设置说明标签。

（5）max_length 限制最大长度为 100。它同时可以起到两个作用，一是在浏览器页面限制用户输入不允许超过 100 个字符，二是在后端服务器验证用户输入的长度限制在 100 个字符以内。

注意

由于浏览器页面是可以被篡改、伪造、禁用、跳过的，所有的 HTML 手段的数据验证只能防止意外不能防止恶意行为，是没有安全保证的，破坏分子完全可以跳过浏览器的防御手段伪造发送请求。因此，在服务器后端，必须将前端当作“裸机”来对待，再次进行完全彻底的数据验证和安全防护。

每个 Django 表单的实例都有一个内置的 is_valid() 方法，用来验证接收的数据是否合法。如果所有数据都合法，那么该方法将返回 True，并将所有的表单数据转存到它的一个叫作 cleaned_data 的属性中，该属性是一个字典类型数据。

当我们将上面的表单渲染成真正的 HTML 元素，其内容如下。

```
<label for="your_name">Your name: </label><input id="your_
name" type="text" name="your_name" maxlength="100" required />
```

➤ 2. 视图处理

表单创建完成后，需要在视图中，实例化我们编写好的表单类，代码如下。

```
01  # views.py
02  from django.shortcuts import renderfrom django.http
    import HttpResponseRedirect
03  from .forms import NameForm
04  def get_name(request):
05          # 如果 form 通过 POST 方法发送数据
06      if request.method == 'POST':
07          # 接受 request.POST 参数构造 form 类的实例
08          form = NameForm(request.POST)
09          # 验证数据是否合法
```

```
10            if form.is_valid():
11            # 处理 form.cleaned_data 中的数据
12            # ...
13            # 重定向到一个新的 URL
14                return HttpResponseRedirect('/thanks/')
15
16            # 如果是通过 GET 方法请求数据，返回一个空的表单
17    else:
18        form = NameForm()
19
20    return render(request, 'name.html', {'form': form})
```

要点：

(1) 对于 GET 方法请求页面时，返回空的表单，让用户可以填入数据。

(2) 对于 POST 方法，接收表单数据，并验证。

(3) 如果数据合法，按照正常业务逻辑继续执行下去。

(4) 如果不合法，返回一个包含先前数据的表单给前端页面，方便用户修改。

(5) 注意最后一行 return 语句的缩进位置。

注意

通过表单的 is_bound 属性可以获知一个表单已经绑定了数据，还是一个空表。

3. 模板处理

在 Django 的模板中，我们只需要按照下面的操作来进行，就可以得到完整的 HTML 页面：

```
01  <form action="/your-name/" method="post">
02      {% csrf_token %}
03      {{ form }}
04  <input type="submit" value="Submit" /></form>
```

要点：

(1) <form>...</form> 标签要自己写。

(2) 使用 POST 的方法时，必须添加 {% csrf_token %} 标签，用于处理 csrf 安全机制。

(3) {{ form }} 代表 Django 生成其他所有的 form 标签元素，也就是我们上面做的事情。

(4) 提交按钮需要手动添加。

提示

默认情况下，Django 支持 HTML5 的表单验证功能，如邮箱地址验证、必填项目验证等等。

14.4.6 视图

视图的本质就是一个 Python 中的函数，作用是接收 web 请求，并响应 web 请求。

Django 获取浏览器输入的 url，经过 Django 中的 url 管理器匹配到对应的视图函数，视图管理器执行视图函数，并将结果返回给浏览器。

```
01  from djang.http import HttpResponse      # 导入响应对象
02  import datetime                                # 导入时间模块
03
04  def current_detetime(request):                # 定义一个试图方法，必
    须带有请求对象作为参数
05      now = detetime.datetime.now() # 请求的时间
06  html = "<html><body>It is now %s.</body></html>" % now
    # 生成 html 代码
07  return HttpResponse(html) # 将相应对象返回，数据为生成的 HTML 代码
```

上面的代码定义了一个函数，返回了一个 HTTPResponse 对象，这就是 Django 的 FBV（Function-Based View）基于函数的视图。每个视图函数都要有一个 HttpRequest 对象作为参数用来接收客户端的请求，并且必须返回一个 HttpResponse 对象，作为相应给客户端。

django.http 模块下有诸多继承与 HttpReponse 的对象，其中大部分在开发中都可以用到。例如，我们想在查询不到数据时，给客户端一个 HTTP404 的错误页面，可以利用 django.http 下面的 Http404 对象，代码如下。

```
01  from django.shortcults import render
02  from django.http import HttpResponse,
    HttpResponseRedirect,Http404
03  from app1.froms import PresonForm
04  from app1.models import Person
05
06  def person_detail(request, pk):   # URL 参数 pk
07      try:
08          p = Person.objects.get(pk=pk) # 获取 Person 数据
09      except Person.DoesNotExist:
10          raise Http404('Person Does Not Exist')# 获取不到，
     抛出 Http404 错误页面
11  return render(request,'person_detail.html',{'person':p})
```

在浏览器中输入 htpp://192.168.1.119:8000/app1/person_detail/100 会抛出异常，效果显示，如图 14.13 所示。

图 14.13 异常显示

14.5 Django 模板

模板是一个文本，用于分离文档的表现形式和内容。模板定义了占位符以及各种用于规范文档该如何显示的各部分基本逻辑（模板标签）。模板通常用于产生 HTML，但是 Django 的模板也能产生任何基于文本格式的文档。

模板包含两部分：

(1) 静态部分，包含 html、css、js。

(2) 动态部分，即模板语言。

Django 模板语言，简写 DTL，定义在 django.template 包中。创建项目后，在“项目名称 /settings.py”文件中定义了关于模板的配置。

```
01  TEMPLATES = [
02      { # 模板引擎，默认为 Django 模板
03      'BACKEND': 'django.template.backends.django.
    DjangoTemplates',
04          'DIRS': [os.path.join(BASE_DIR,'tamplates')], #
    模板所在目录
05          'APP_DIRS': True, # 是否启用 APP 目录
06          'OPTIONS': {
07              'context_processors': [
08                  'django.template.context_processors.debug',
09                  'django.template.context_processors.request',
10                  'django.contrib.auth.context_processors.auth',
11                  'django.contrib.messages.context_processors.messages',
12              ],
13          },
14      },
15  ]
```

DIRS 定义一个目录列表，模板引擎按列表顺序搜索这些目录以查找模板文件，通常是在项目的根目录下创建 templates 目录。

Django 处理模板分为两个阶段：

(1) 加载：根据给定的路径找到模板文件，编译后放在内存中。

(2) 渲染：使用上下文数据对模板插值并返回生成的字符串。

为了减少开发人员重复编写加载、渲染的代码，Django 提供了简写函数 render，用于调用模板。

下面通过一个简单的例子介绍如何使用模板，代码如下。

```
01  {% extends" base_gentric.html" %}
02  {% block title %}{{ section.title}}{% endblock%}
03  {% block content %}
04  <h1>{{ section.title}}</h1>
05  {% for story in story_list%}
```

```
06  <h2>
07      <a href=" {{ story.get_absolute_url }}" >
08          {{ story.headline | upper}}
09      </a>
10  </h2>
11  <p>{{ story.tease | truncatewords:" 100" }}</p>
12  {% endfor %}
13  {% endblock %}
```

Django 模板引擎使用“{%%}”来描述 Python 语句，区别于 <HTML> 标签，使用“{{}}”来描述 Python 变量，上面代码中的标签及说明，如表 14.1 所示。

表 14.1 标签及其说明

标签	说明
{% extends” base_gentric.html” %}	扩展一个母模板
{% block title %}	指定母模板中的一段代码块，此处为 title，在母模板中定义 title 代码块，可以在子模板中重写改代码块。Block 标签必须是封闭的，要由 {% endblock %} 结尾
{ section.title}	获取变量的值
{% for story in story_list%}、{% endfor %}	和 Python 中的 for 循环用法相似，必须是封闭的

Django 模板的过滤器非常实用，用来将返回的变量值做一些特殊处理，常用的过滤器，如表 14.2 所示。

表 14.2 常用的过滤器

过滤器	作用
{{ value|lower}}	将变量全部转换成小写
{{ value|upper}}	将变量全部转换成大写
{{ value|default:"nothing"}}	变量设置默认值
{{ value|length }}	返回字符串和列表变量的长度
{{ value|safe}}	对 HTML 标签和 JS 等语法标签进行自动转义
{{ value|filesizeformat }}	将值格式化为一个文件大小
{{ value|slice:"2:-1"}}	切片
{{ value|date:"Y-m-d H:i:s"}}	日期时间格式化
{{ value|truncatechars:9}}	截取字符串
{{ value|truncatewords:3}}	截取单词数
{{ value|join:"+"}}	按给定参数字符拼接
{{ value|cut:' ' }}	移除与给出参数相同的字符串

第十五章 进程和线程

✦ 15.1 进程

进程表示的是一个正在执行的程序。每个进程都拥有自己的地址空间、内存、数据栈，以及其他用于跟踪执行的辅助数据。操作系统负责其所有进程的执行，操作系统会为这些进程合理地分配执行时间。

进程是程序的一次运行活动，属于一种动态的概念。程序是一组有序的静态指令，是一种静态的概念。但是，进程离开了程序也就没有了存在的意义。因此，进程是执行程序的动态过程，而程序是进程运行的静态文本。如果我们把一部动画片的电影拷贝比拟成一个程序，那么这部动画片的一次放映过程就可比为一个进程。

❖ 15.1.1 进程的运行

进程需要使用一种机构才能执行程序，这种机构称之为处理机（Processor）。处理机执行指令，根据指令的性质，处理机可以单独用硬件或软、硬件结合起来构成。如果指令是机器指令，那么处理机就是我们一般所说的中央处理器（CPU）。

只有一个 CPU 运行时，轮询调度实现并发执行：早期的计算机只具有一个中央处理器（CPU) 并且是单核（只有一个运算器）的，这种情况下计算机操作系统采用并发技术实现并发运行，具体做法是采用“ 时间片轮询进程调度算法”，如图 15.1 所示，在操作系统的管理下，所有正在运行的进程轮流使用 CPU，每个进程允许占用 CPU 的时间非常短（比如 10 毫秒），这样用户根本感觉不出来 CPU 是在轮流为多个进程服务，就像所有的进程都在不间断地运行一样。但实际上在任何时间内有且仅有一个进程占有 CPU 及 CPU 的运算器。

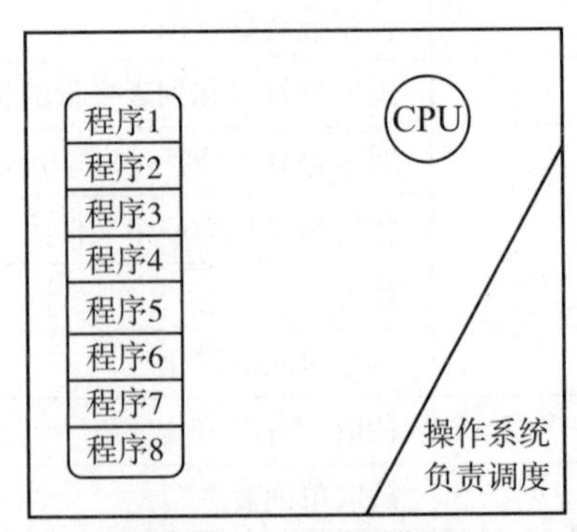

图 15.1 程序调度

多 CPU 运行机制：将多个核心装载一个封装里，使多个程序可以并发运行，如图 15.2 所示。

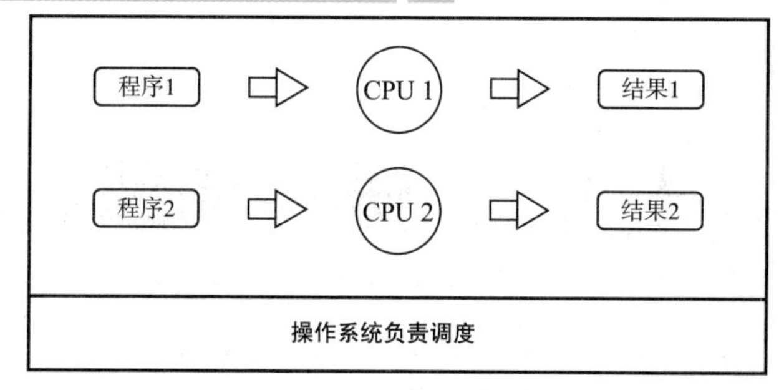

图 15.2 多 CPU 运行机制

多进程调用流程，如图 15.3 所示。

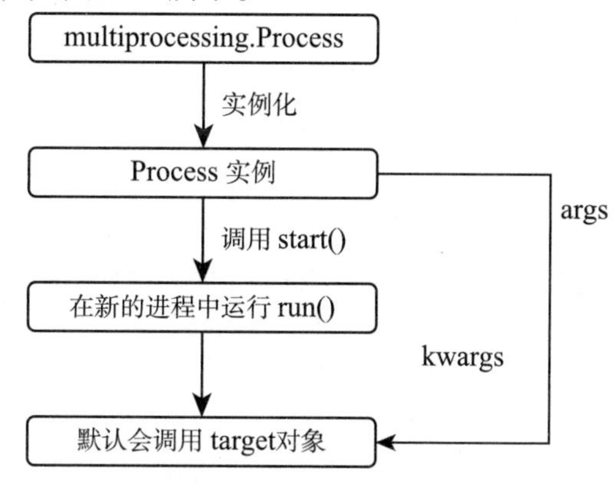

图 15.3 多进程调用流程

一个进程还可以拥有多个并发的执行线索，简单来说就是拥有多个可以获得 CPU 调度的执行单元,这就是所谓的线程。由于线程在同一个进程下,它们可以共享相同的上下文,所以相对于进程而言，线程间的信息共享和通信更加容易。当然在单核 CPU 系统中，真正的并发是不可能的，因为在某个时刻能够获得 CPU 的只有唯一的一个线程，多个线程共享了 CPU 的执行时间。使用多线程实现并发编程为程序带来的好处是不言而喻的，主要体现在提升程序的性能和改善用户体验,今天我们使用的软件几乎都用到了多线程技术,这一点可以利用系统自带的进程监控工具(如 macOS 中的“活动监视器”、Windows 中的“任务管理器” ）来证实，如图 15.4 所示。

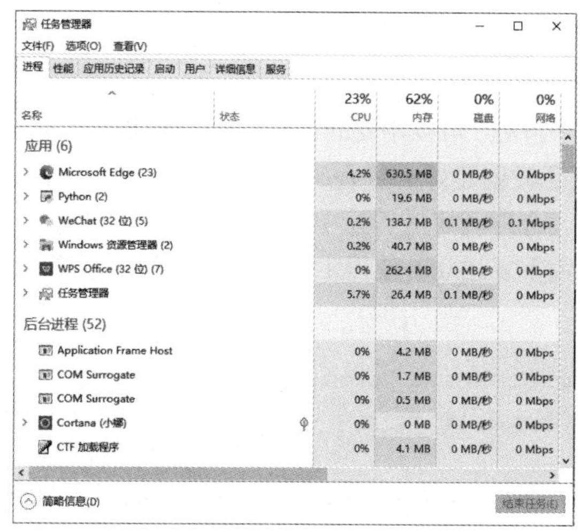

图 15.4 任务管理器中的进程监控

❖ 15.1.2 进程的创建方式

➤ 1. 使用 Process 子类创建进程

在 Windows 系统中，multiprocessing 模块提供了一个 Process 类来代表一个进程对象。下面的例子演示的是启动一个子进程并等待其结束。

【例 15.1】

```
01  from multiprocessing import Process
02  import os
03
04  def run_proc(name):
05      print('Run child process %s (%s)...' % (name,
    os.getpid()))
06
07  if __name__=='__main__':
08      print('Parent process %s.' % os.getpid())
09      p=Process(target=run_proc, args=('test',))
10      print('Child process will start.')
11      p.start()
12      p.join()
13      print('Child process end.')
```

运行结果，如图 15.5 所示。

```
IDLE Shell 3.9.1
File Edit Shell Debug Options Window Help
Python 3.9.1 (tags/v3.9.1:1e5d33e, Dec  7 2020, 17:08:21) [MSC v.1927 64 bit (AM
D64)] on win32
Type "help", "copyright", "credits" or "license()" for more information.
>>>
=================== RESTART: D:/新建文件夹/python/example16.1.py ==============
=====
Parent process 15208.
Child process will start.
Child process end.
>>>
```

图 15.5 运行结果

➤ 2. 使用进程池 Pool 创建进程

如果要启动大量的子进程，可以用 multiprocessing 模块提供的 Pool 类，即 Pool 进程池。

进程池，就是实现已经创建好的进程，进程池 Pool 里面放的都是进程，进程池可以根据任务自动创建进程，合理利用进程池中的进程完成多项任务。进程池更多的是优化了代码，多个进程可以不用重复建立，使得工作效率大大提升，简单而实用。

【例 15.2】

```
01  from multiprocessing import Pool
02  import os, time, random
03
04  def long_time_task(name):
```

```
05        print('Run task %s (%s)...' % (name, os.getpid()))
06        start = time.time()
07        time.sleep(random.random() * 3)
08        end = time.time()
09         print('Task %s runs %0.2f seconds.' % (name, (end -
    start)))
10
11  if __name__=='__main__':
12        print('Parent process %s.' % os.getpid())
13        p = Pool(4)
14        for i in range(5):
15            p.apply_async(long_time_task, args=(i,))
16        print('Waiting for all subprocesses done...')
17        p.close()
18        p.join()
19        print('All subprocesses done.')
```

运行结果，如图 15.6 所示。

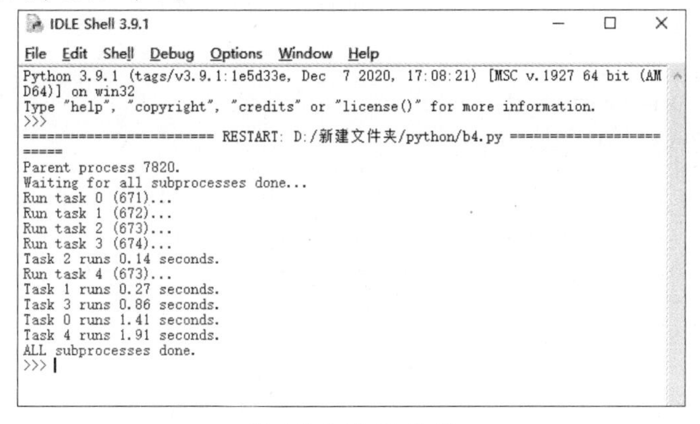

图 15.6 运行结果

注意

运行代码后的结果：根据进程编号，每次运行的结果都有可能不一样，因为进程之间执行时是无序的。

multiprocessing.Pool 常用函数解析如下所示。

(1) apply_async(func[, args[, kwds]]) ：使用非阻塞方式调用 func 函数（并行执行，堵塞方式必须等待上一个进程退出才能执行下一个进程），args 为传递给 func 的参数列表，kwds 为传递给 func 的关键字参数列表。

(2) apply(func[, args[, kwds]])：使用阻塞方式调用 func 函数。

(3) close()：关闭 Pool，使其不再接受新的任务。

(4) terminate()：不管任务是否完成，立即终止。

(5) join()：主进程阻塞，等待子进程的退出， 必须在 close 或 terminate 之后使用。

☞ 提示

在 Windows 系统中，进程池必须创建到“if _ _name_ _ == '_ _main_ _':”中去，才能正常使用 Windows 系统下的进程模块。

❖ 15.1.3 进程间通信的方式

每个进程各自有不同的用户地址空间，任何一个进程的全局变量在另一个进程中都看不到，所以进程之间要交换数据必须通过内核，在内核中开辟一块缓冲区，进程 A 把数据从用户空间拷到内核缓冲区，进程 B 再从内核缓冲区把数据读走，内核提供的这种机制称为进程间通信。

➤ 1. 管道（PIPE）

管道是一种半双工的通信方式，数据只能单向流动，而且只能在具有亲缘关系的进程间使用。进程的亲缘关系通常是指父子进程关系。

管道特点：

(1) 它是半双工的（即数据只能在一个方向上流动），具有固定的读端和写端。

(2) 它只能用于具有亲缘关系的进程之间的通信（也是父子进程或者兄弟进程之间）。

(3) 它可以看成是一种特殊的文件，对于它的读写也可以使用普通的 read、write 等函数。但是，它不是普通的文件，并不属于其他任何文件系统，并且只存在于内存中。

管道的原型：

```
01  # include <unistd.h>
02  int pipe(int fd[2]);
```

当一个管道建立时，它会创建两个文件描述符：fd[0] 为读而打开，fd[1] 为写而打开，如图 15.7 所示。

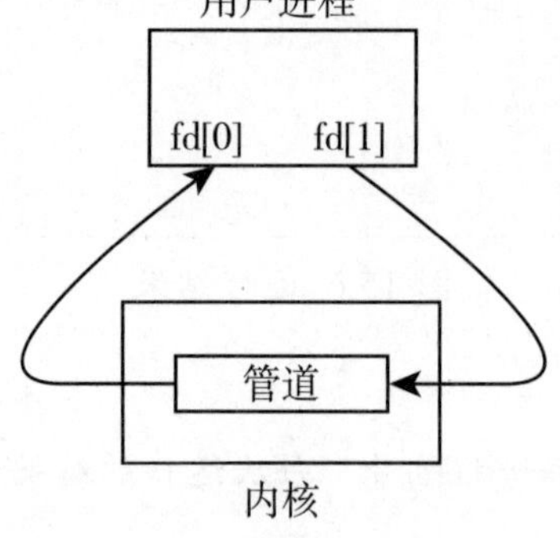

图 15.7 管道建立

要关闭管道只需将这两个文件描述符关闭即可。

➤ 2. 命名管道（FIFO）

命名管道也是半双工的通信方式，但是它允许无亲缘关系进程间的通信。

命名管道的特点：

(1) FIFO 可以在无关的进程之间交换数据，与无名管道不同。

(2) FIFO 有路径名与之相关联，它以一种特殊设备文件形式存在于文件系统中。

命名管道的原型：

```
01  # include <sys/stat.h>
02  int mkfifo(const char *pathname, mode_t mode);
```

其中，mode 参数与 open 函数中的 mode 相同。一旦创建了一个 FIFO，就可以用一般的文件 I/O 函数操作它。

当建立 一个 FIFO 时，是否设置非阻塞标志（O_NONBLOCK）的区别如下所示。

(1) 若没有指定 O_NONBLOCK（默认），只读 open 要阻塞到某个其他进程为写而打开此 FIFO。类似的，只写 open 要阻塞到某个其他进程为读而打开它。

(2) 若指定了 O_NONBLOCK，则只读 open 立即返回，而只写 open 将出错返回 -1 。如果没有进程已经为读而打开该 FIFO，其 errno 置 ENXIO。

命名管道的运行机制，如图 15.8 所示。

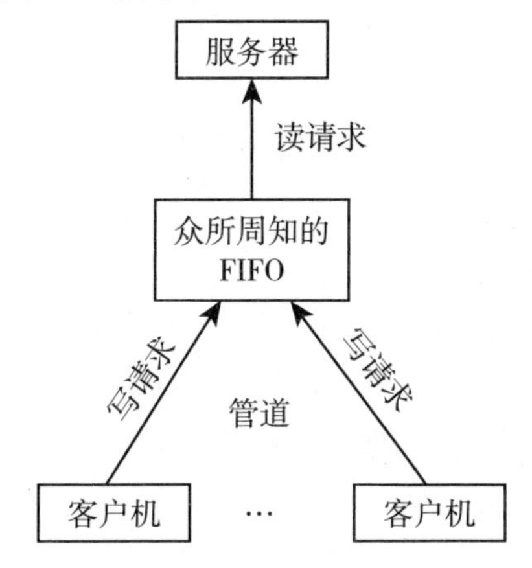

图 15.8 命名管道的运行机制

3. 消息队列（Message Queue）

消息队列是由消息的链表，存放在内核中并由消息队列标识符标识。消息队列克服了信号传递信息少，管道只能承载无格式字节流以及缓冲区大小受限等缺点。

消息队列的特点：

(1) 消息队列是面向记录的，其中的消息具有特定的格式以及特定的优先级。

(2) 消息队列独立于发送与接收进程。进程终止时，消息队列及其内容并不会被删除。

(3) 消息队列可以实现消息的随机查询，消息不一定要以先进先出的次序读取，也可以按消息的类型读取。

消息队列的原型：

```
01  #include <sys/msg.h>
02  # 创建或打开消息队列：成功返回队列 ID，失败返回 -1
03  int msgget(key_t key, int flag);
04  # 添加消息：成功返回 0，失败返回 -1
05  int msgsnd(int msqid, const void *ptr, size_t size, int
    flag);
06  # 读取消息：成功返回消息数据的长度，失败返回 -1
```

```
07  int msgrcv(int msqid, void *ptr, size_t size, long type,int
    flag);
08  # 控制消息队列：成功返回 0，失败返回 -1
09  int msgctl(int msqid, int cmd, struct msqid_ds *buf);
```

在以下两种情况下，msgget 将创建一个新的消息队列。

(1) 如果没有与键值 key 相对应的消息队列，并且 flag 中包含了 IPC_CREAT 标志位。

(2) key 参数为 IPC_PRIVATE。

函数 msgrcv 在读取消息队列时，type 参数有下面几种情况。

(1) type = 0，返回队列中的第一个消息。

(2) type > 0，返回队列中消息类型为 type 的第一个消息。

(3) type < 0，返回队列中消息类型值小于或等于 type 绝对值的消息，如果有多个，则取类型值最小的消息。

可以看出，type 值非 0 时用于以非先进先出次序读消息，也可以把 type 看作优先级的权值。

➤ 4. 共享内存（SharedMemory）

共享内存就是映射一段能被其他进程所访问的内存，这段共享内存由一个进程创建，但多个进程都可以访问。共享内存是最快的 IPC 方式，它是针对其他进程间通信方式运行效率低而专门设计的。它往往与其他通信机制（如信号量）配合使用，来实现进程间的同步和通信，如图 15.9 所示。

图 15.9 共享内存原理

共享内存的特点：

(1) 共享内存是最快的一种 IPC，因为进程是直接对内存进行存取的。

(2) 因为多个进程可以同时操作，所以需要进行同步。

(3) 信号量 + 共享内存通常结合在一起使用，信号量用来同步对共享内存的访问。

共享内存的常用函数，如表 15.1 所示。

表 15.1 共享内存的常用函数

函数	功能
mmap	建立共享内存映射
munmap	解除共享内存映射
shmget	获取共享内存区域的 ID
shmat	建立映射共享内存
shmdt	解除共享内存映射

➤ 5. 信号量（Semaphore）

信号量是一个计数器，可以用来控制多个进程对共享资源的访问。它常作为一种锁机制，防止某进程正在访问共享资源时，其他进程也访问该资源。因此，主要作为进程间以及同一进程内不同线程之间的同步手段。

信号量的特点：

(1) 信号量用于进程间同步，若要在进程间传递数据需要结合共享内存。

(2) 信号量基于操作系统的 PV 操作，程序对信号量的操作都是原子操作。

(3) 每次对信号量的 PV 操作不仅限于对信号量值加 1 或减 1，而且可以加减任意正整数。

(4) 支持信号量组。

※ 说明

原子操作（atomic operation），指不会被线程调度机制打断的操作，这种操作一旦开始，就一直运行到结束，中间不会切换到其他线程。

✦ 15.2 线程

❖ 15.2.1 线程基本概念

线程也叫轻量级进程，它是一个基本的 CPU 执行单元，也是程序执行过程中的最小单元，由线程 ID、程序计数器、寄存器集合和堆栈共同组成。线程的引入减小了程序并发执行时的开销，提高了操作系统的并发性能。线程没有自己的系统资源。线程是进程的组成部分，一个进程可以拥有多个线程。在多线程中，会有一个主线程来完成整个进程从开始到结束的全部操作，而其他的线程会在主线程的运行过程中被创建或退出。

※ 说明

当一个进程里只有一个线程时，叫作单线程；超过一个线程就叫作多线程。

线程与进程类似，不过它们是在同一个进程下执行的，并且它们会共享相同的上下文。当其他线程运行时，它可以被抢占（中断）和临时挂起（也称为睡眠），线程的轮询调度机制类似于进程的轮询调度，只不过这个调度不是由操作系统来负责，而是由 Python 解释器来负责。

注意

多个线程共享父进程里的全部资源，会使得编程更加方便。需要注意的是，要确保线程不会妨碍同一进程中的其他线程。

❖ 15.2.2 线程的创建方式

在 Python 中，有关线程开发的部分被单独封装到了模块中，和线程相关的模块有以下两个：

(1) _thread： Python 3 以前版本中 thread 模块的重命名，此模块仅提供了低级别的、原始的线程支持，以及一个简单的锁，功能比较有限。正如它的名字所暗示的（以 _ 开头），一般不建议使用 thread 模块。

(2) threading：Python 3 之后的线程模块，提供了功能丰富的多线程支持，推荐使用。

Python 主要通过以下两种方式来创建线程：

(1) 使用 threading 模块中 Thread 类的构造器创建线程，即直接对类 threading.Thread 进行实例化创建线程，并调用实例化对象的 start() 方法启动线程。

(2) 继承 threading 模块中的 Thread 类创建线程类，即用 threading.Thread 派生出一个新的子类，将新建类实例化创建线程，并调用其 start() 方法启动线程。

1.Thread

类提供了如下的 __init__() 构造器，可以用来创建线程。

```
__init__(self,group=None,target=None,name=None,args=(),kwargs=None,*,daemon=None)
```

此构造方法中，以上所有参数都是可选参数，既可以使用，也可以忽略。其中，各个参数的含义如下。

group：指定所创建的线程隶属于哪个线程组（此参数尚未实现，无须调用）。

target：指定所创建的线程要调度的目标方法（最常用）。

args：以元组的方式，为 target 指定的方法传递参数。

kwargs：以字典的方式，为 target 指定的方法传递参数。

daemon：指定所创建的线程是否为后代线程。

注意

这些参数，初学者只需记住 target、args、kwargs 这 3 个参数的功能即可。

【例 15.3】

```
01  import threading
02  # 定义线程要调用的方法，*add 可接收多个以非关键字方式传入的参数
03  def action(*add):
04      for arc in add:
05          # 调用 getName() 方法获取当前执行该程序的线程名
06          print(threading.current_thread().getName() +""+ arc)
07  # 定义为线程方法传入的参数
08  my_tuple = ("http://c.biancheng.net/python/",\
09              "http://c.biancheng.net/shell/",\
10              "http://c.biancheng.net/java/")
11  # 创建线程
12  thread = threading.Thread(target = action,args =my_tuple)
```

由此就创建好了一个线程。但是，线程需要手动启动才能运行，threading 模块提供了 start() 方法用来启动线程。因此，在上面程序的基础上，添加如下语句：

```
thread.start()
```

再次执行程序，运行结果，如图 15.10 所示。

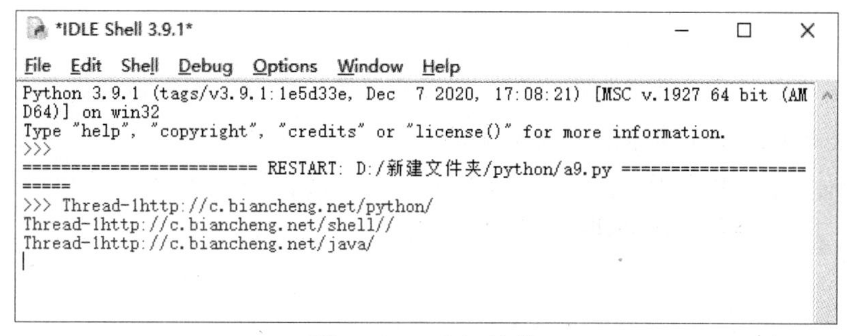

图 15.10 运行结果

可以看到，新创建的 thread 线程（线程名为 Thread-1）执行了 action() 函数。

※ 说明

默认情况下，主线程的名字为 MainThread，用户启动的多个线程的名字依次为 Thread-1、Thread-2、Thread-3...Thread-n 等。

为了使 thread 线程的作用更加明显，可以继续在上面程序的基础上添加如下代码，让主线程和新创建线程同时工作：

```
01  for i in range(5):
02      print(threading.current_thread().getName())
```

再次执行程序，运行结果，如图 15.11 所示。

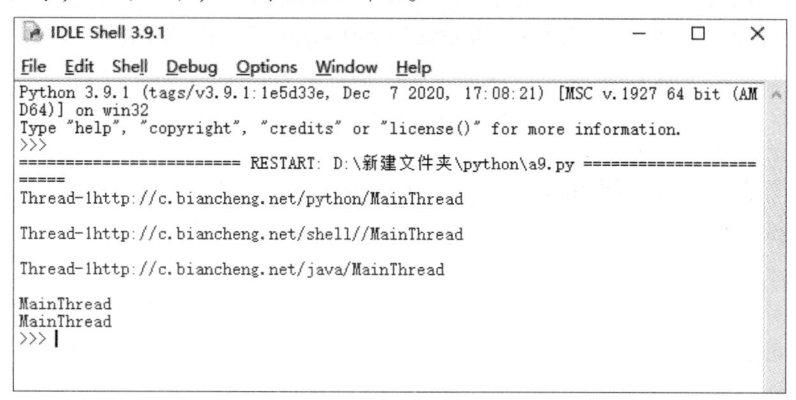

图 15.11 运行结果

可以看到，当前程序中有 2 个线程，分别为主线程 MainThread 和子线程 Thread-1，它们以并发方式执行，即 Thread-1 执行一段时间，然后 MainThread 执行一段时间。通过轮流获得 CPU 执行一段时间的方式，程序的执行在多个线程之间切换，从而给用户一种错觉，即多个线程似乎同时在执行。

2. 继承 Thread 类创建线程类

通过继承 Thread 类，我们可以自定义一个线程类，从而实例化该类对象，获得子线程。需要注意的是，在创建 Thread 类的子类时，必须重写从父类继承得到的 run() 方法。因为该方法即为要创建的子线程执行的方法，其功能如同第一种创建方法中的 action() 自定义函数。

注意

> 如果程序中不显示创建任何线程，则所有程序的执行，都将由主线程 MainThread 完成，程序就只能按照顺序依次执行。

下面程序演示了如何通过继承 Thread 类创建并启动一个线程。

【例 15.4】

```
01  import threading
02
03  # 创建子线程类，继承自 Thread 类
04  class my_Thread(threading.Thread):
05      def __init__(self,add):
06          threading.Thread.__init__(self)
07          self.add = add
08  # 重写 run() 方法
09      def run(self):
10          for arc in self.add:
11  # 调用 getName() 方法获取当前执行该程序的线程名
12              print(threading.current_thread().getName() +""+ arc)
13
14  # 定义为 run() 方法传入的参数
15  my_tuple = ("http://c.biancheng.net/python/",\
16              "http://c.biancheng.net/shell/",\
17              "http://c.biancheng.net/java/")
18  # 创建子线程
19  mythread = my_Thread(my_tuple)
20  # 启动子线程
21  mythread.start()
22  # 主线程执行此循环
23  for i in range(5):
24      print(threading.current_thread().getName())
```

运行结果，如图 15.12 所示。

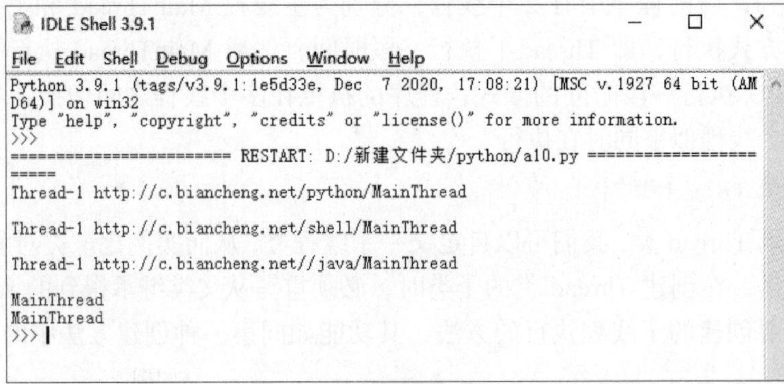

图 15.12 运行结果

❖ 15.2.3 线程间通信

一般而言，在一个应用程序中（即进程），一个线程往往不是孤立存在的，常常需要和其他线程通信，以执行特定的任务。例如，主线程和次线程，次线程和次线程，工作线程和用户界面线程等。这样，线程与线程间必定有一个信息传递的渠道。这种线程间的通信不但是难以避免的，而且在多线程编程中也是复杂和频繁的。线程间的通信涉及以下四个问题：

(1) 线程间如何传递信息。

(2) 线程间如何同步，以使一个线程的活动不会破坏另一个线程的活动，以保证计算结果的正确合理。

(3) 当线程间具有依赖关系时，如何调度多个线程的处理顺序。

(4) 如何避免死锁问题。

在 Windows 系统中线程间的通信一般采用四种方式：全局变量方式、参数传递方式、消息传递方式和线程同步法。

➤ 1. 全局变量方式

由于属于同一个进程的各个线程共享操作系统，分配该进程的资源，所以解决线程间通信最方便的一种方法是使用全局变量。对于标准类型的全局变量，建议使用 volatile 修饰符，它告诉编译器无须对该变量做任何优化，即无须将它放到一个寄存器中，并且该值可被外部改变。

➤ 2. 参数传递方式

参数传递方式是线程通信的官方标准方法，多数情况下，主线程创建子线程并让其子线程为其完成特定的任务，主线程在创建子线程时，通过传给线程函数的参数和其通信，三类创建线程的函数都支持参数的传递。所传递的参数是一个 32 位的指针，该指针不仅可以指向简单的数据，还可以指向结构体或类等复杂的抽象数据类型。

➤ 3. 消息传递方式

在 Windows 程序设计中，应用程序的每一个线程都拥有自己的消息队列，甚至工作线程也不例外，这样一来，就使得线程之间利用消息来传递信息变得非常简单。我们可以在一个线程的执行函数中向另一个线程发送自定义的消息来达到通信的目的。一个线程向另外一个线程发送消息是通过操作系统实现的。利用 Windows 操作系统的消息驱动机制，当一个线程发出一条消息时，操作系统首先接收到该消息，然后把该消息转发给目标线程，接收消息的线程必须已经建立了消息循环。该方式可以实现任意线程间的通信，所以是比较常见和通用的方式。

➤ 4. 线程同步法

通过线程同步也可以实现线程间通信。例如，有两个线程，线程 A 写入数据，线程 B 读出线程 A 准备好的数据并进行一些操作。这种情况下，只有当线程 A 写好数据后线程 B 才能读出，只有线程 B 读出数据后线程 A 才能继续写入数据，这两个线程之间需要同步进行通信。

❖ 15.2.4 线程同步的方法

线程同步的集中方法，主要涉及 thread 和 threading 模块。

threading 模块提供的线程同步原语包括：Lock、RLock、Condition、Event、Semaphore 等对象。

➤ 1. Lock

(1) Lock 对象的创建。

Lock 是 Python 中最底层的同步机制，直接由底层模块 thread 实现，每个 Lock 对象只有两种状态——上锁和未上锁，不同于下文的 RLock 对象，Lock 对象是不可重入的，也没有所属的线程这个概念。

可以通过下面两种方式创建一个 Lock 对象，新创建的 Lock 对象处于未上锁的状态：

```
thread.allocate_lock()
```

或者

```
threading.Lock()
```

上面两种方式本质上都是在 thread 模块中实现的。

(2) Lock 对象的方法。

Lock 对象提供三种方法：acquire()、locked() 和 release()。

```
l.acquire(wait=True)
```

该函数需要结合参数 wait 进行讨论：

①当 wait 是 False 时，如果 l 没有上锁，那么 acquire() 调用将 l 上锁，然后返回 True。

②当 wait 是 False 时，如果 l 已经上锁，那么 acquire() 调用对 l 没有影响，然后返回 False。

③当 wait 是 True 时，如果 l 没有上锁，acquire() 调用将其上锁，然后返回 True。

④当 wait 是 True 时，如果 l 已经上锁，此时调用 l.acquire() 的线程将会阻塞，直到其他线程调用 l.release()，这里需要注意的是，就算这个线程是最后一个锁住 l 的线程，只要它以 wait=True 调用了 acquire()，那它就会阻塞，因为 Lock 原语是不支持重入的。

可见，只要 l 没有上锁，调用 acquire() 的结果是相同的。当 l 上锁了，而 wait=False 时，线程会立即得到一个返回值，不会阻塞在等待锁上面；而 wait=True 时，线程会阻塞等待其他的线程释放该锁，所以一个锁上面可能有多个处于阻塞等待状态的线程。

```
l.locked()
```

判断 l 当前是否上锁，如果上锁，返回 True，否则返回 False。

```
l.release()
```

解开 l 上的锁，要求：

(1) 任何线程都可以解开一个已经锁上的 Lock 对象。

(2) l 此时必须处于上锁的状态，如果试图 release() 一个 unlocked 的锁，则会抛出异常 thread.error。

(3) l 一旦通过 release() 解开，之前等待它（调用过 l.acquire()）的所有线程中，只有一个会被立即被唤醒，然后获得这个锁。

2. RLock 可重入锁

(1) RLock 对象的创建。

RLock 是可重入锁，提供和 Lock 对象相同的方法，可重入锁的特点是记录锁住自己的线程 t，这样 t 可以多次调用 acquire() 方法而不会被阻塞，如 t 可以多次声明自己对某个资源的需求。

可重入锁必须由锁住自己的线程释放（rl.release()）。

Rlock 内部有一个计数器，只有锁住自己的线程 t 调用的 release() 方法和之前调用 acquire() 方法的次数相同时，才会真正解锁一个 Rlock。通过：

```
rl=threading.RLock()
```

可以创建一个可重入锁。

(2) RLock 对象的方法。

RLock() 对象提供和 Lock 对象相同的 acquire() 和 release() 方法。

3. Condition 条件变量

(1) Condition 对象的获取。

Condition 对象封装了一个 Lock 或 RLock 对象，通过实例化 Condition 类来获得一个 Condition 对象：

```
C = threading.Condition(lock=None)
```

前面提到，Condition 对象是基于 Lock 对象或 RLock 对象的，如果创建 Condition 对象时没传入 Lock 对象，则会新创建一个 RLock 对象。

(2) Condition 对象的方法。

Condition 对象封装在一个 Lock 或 RLock 对象之上，提供的方法有 acquire(wait=1)、release()、notify()、notifyAll() 和 wait(timeout=None)。

```
c.acquire(wait=1)<br>c.release()
```

本质上，Condition 对象的 acquire() 方法和 release() 方法都是底层锁对象的对应方法，在调用 Condition 对象的其他方法之前，都应该确保线程已经拿到了 Condition 对象对应的锁，也就是调用过 acquire()。

```
01  c.notify()
02  c.notify_all()
```

notify() 唤醒一个等待 c 的线程，notify_all() 则会唤醒所有等待 c 的线程。

线程在调用 notify() 和 notifyAll() 之前必须已经获得 c 对应的锁，否则抛出 RuntimeError。

notify() 和 notifyAll() 并不会导致线程释放锁，但是 notify() 和 notify_all() 之后，唤醒了其他的等待线程，当前线程已经准备释放锁，因而线程通常会紧接着调用 release() 释放锁。

```
c.wait(timeout=None)
```

wait() 最大的特点是调用 wait() 的线程必须已经 acquire() 了 c，调用 wait() 将会使这个线程放弃 c，线程在此阻塞，然后当 wait() 返回时，这个线程往往又拿到了 c。

若一个线程想要对临界资源进行操作，首先要获得 c，获得 c 后，它判断临界资源的状态对不对，如果不对，就调用 wait() 放掉手中的 c，这时候实际上就是在等其他的线程来更新临界资源的状态了。当某个其他的线程修改了临界资源的状态，然后唤醒等待 c 的线程，这时我们这个线程又拿到 c（假设能够拿到），就可以继续执行了。

如果临界资源一直不对，而我们这个线程又抢到了 c，就可以通过一个循环，不断地释放掉不需要的锁，直到临界资源的状态符合我们的要求。

```
01  # 消费者
02  cv.acquire()
03  while not an_item_is_available():
04      cv.wait()
05  get_an_available_item()
06  cv.release()
07
08  # 生产者
09  cv.acquire()
10  make_an_item_available()
11  cv.notify()
12  cv.release()
```

在上面的程序中，消费者在产品没有被生产出来之前，就算拿到 c，也会立即调用 wait() 释放，当产品被生产出来后，生产者唤醒一个消费者，消费者重新回到 wait() 阻塞的地方，发现产品已经就绪，于是消费产品，最后释放 c。

➤ 4.Event 事件

(1) Event 对象的创建。

Event 对象可以让任何数量的线程暂停和等待，Event 对象对应一个 True 或 False 的状态（flag），刚创建的 Event 对象的状态为 False。通过实例化 Event 类来获得一个 event 对象:

```
e = threading.Event()
```

刚创建的 Event 对象 e，它的状态为 False。

(2) Event 对象的方法。

```
e.clear()
```

将 e 的状态设置为 False。

```
e.set()
```

将 e 的状态设置为 True。

此时所有等待 e 的线程都被唤醒进入就绪状态。

```
e.is_set()
```

返回 e 的状态——True 或 False。

```
e.wait(timeout=None)
```

如果 e 的状态为 True，wait() 立即返回 True，否则线程会阻塞直到超时或者其他的线程调用了 e.set()。

➤ 5. Semaphore 信号量

(1) Semaphore 对象的创建。

信号量是线程同步中最常用的技术，信号量是一类通用的锁，锁的状态通常就是真或假，但是信号量有一个初始值，这个值往往反映了固定的资源量。

通过调用：

```
S=threading.Semaphore(n=1)
```

创建一个 Python 信号量对象，参数 n 指定了信号量的初值。

(2) Semaphore 对象的方法。

```
st=True)
```

当 s 的值 >0 时，acquire() 会将它的值减 1，同时返回 True。

当 s 的值 =0 时，需要根据参数 wait 的值进行判断：如果 wait 为 True，acquire() 会阻塞调用它的线程，直到有其他的线程调用 release() 为止；如果 wait 为 False，acquire() 会立即返回 False，告诉调用自己的线程，当前没有可用的资源。

```
s.release()
```

当 s 的值 >0 时，release() 会直接将 s 的值 +1。

当 s 的值 =0 而当前没有其他等待的线程时，release() 也会将 s 的值 +1。

当 s 的值 =0 而当前有其他等待的线程时，release() 不改变 s 的值（还是 0），唤醒任意一个等待信号量的线程；调用 release() 的线程继续正常执行。

第十六章 网络编程

计算机网络就是把各个计算机连接到一起，让网络中的计算机可以相互通信。网络编程就是如何在程序中实现两台计算机的通信。

✦ 16.1 计算机网络介绍

在 20 世纪 50 年代，通信技术和计算机技术的互相结合，为计算机网络的产生奠定了理论基础。计算机网络是半导体技术、计算机技术、数据通信技术和网络技术的相互渗透，相互促进的产物。通信网为计算机网络提供了便利而广泛的信息传输通道，而计算机和计算机网络技术的发展也促进了通信的发展。随着计算机网络的发展，在实际工作中网络应用越来越广泛，如图 16.1 所示。

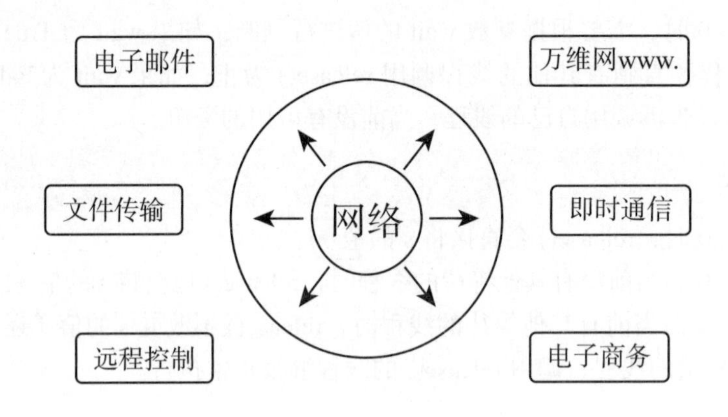

图 16.1 计算机网络的发展

计算机的发展经历了以下几个阶段：

阶段	时间	物理器件
第一阶段	1946 年到 20 世纪 50 年代后期	电子管
第二阶段	20 世纪 50 年代后期到 20 世纪 60 年代中期	晶体管
第三阶段	20 世纪 60 年代中期到 20 世纪 70 年代初期	中小规模集成电路
第四阶段	20 世纪 70 年代初期至今	大规模集成电路

❖ 16.1.1 通信协议

计算机为了联网，就必须规定通信协议，早期的计算机网络都是由各厂商自己规定的一套协议，互不兼容。

图 16.2 语言不通，无法交流

为了把全世界的各种类型的计算机连接起来，就必须规定一套全球通用的协议，为了实现互联网这个目标，互联网协议簇（Internet Protocol Suite）就是通用协议标准出现了。

互联网中常用的具有代表性的协议有 IP、TCP、HTTP 等，而 LAN 中常用的协议有 IPX、SPX 等。“计算机网络体系结构”将这些网络协议进行了系统的归纳，如表 16.1 所示。

表 16.1 网络协议

网络体系结构	协议	主要用途
TCP/IP	IP，ICMP，TCP，UDP，HTTP，TELNET，SNMP，SMTP……	互联网、局域网
IPX/SPX	IPX，SPX，NPC……	个人电脑局域网
AppleTalk	DDP，RTMP，AEP，ZIP0……	苹果公司现有产品的局域网
DEcent	DPR，NSP，SCP……	前 DEC 小型机
OSI	FTAM，MOTIS，VT，CMIS/CMIP，CLNP，CONP	—
XNS	IDP，SPP，PEP	施乐公司网络

❖ 16.1.2 TCP 协议

互联网包含了上百种协议，其中最重要的两个协议是 TCP 和 IP 协议，所以互联网协议简称为 TCP/IP 协议。

TCP（Transmission Control Protocol）协议是一种可靠的、面向连接的、基于全双工通信（发送缓存 & 接收缓存）和字节流的传输层通信协议。使用 TCP 的应用有 Web 浏览器、电子邮件、文件传输程序等。

为了提供可靠的通信服务，TCP 通过三次分节建立连接，四次分节关闭连接，检查判断连接是否正常，因而需要记录连接的状态，TCP 一共定义了 11 种不同的状态，如图 16.3 所示。

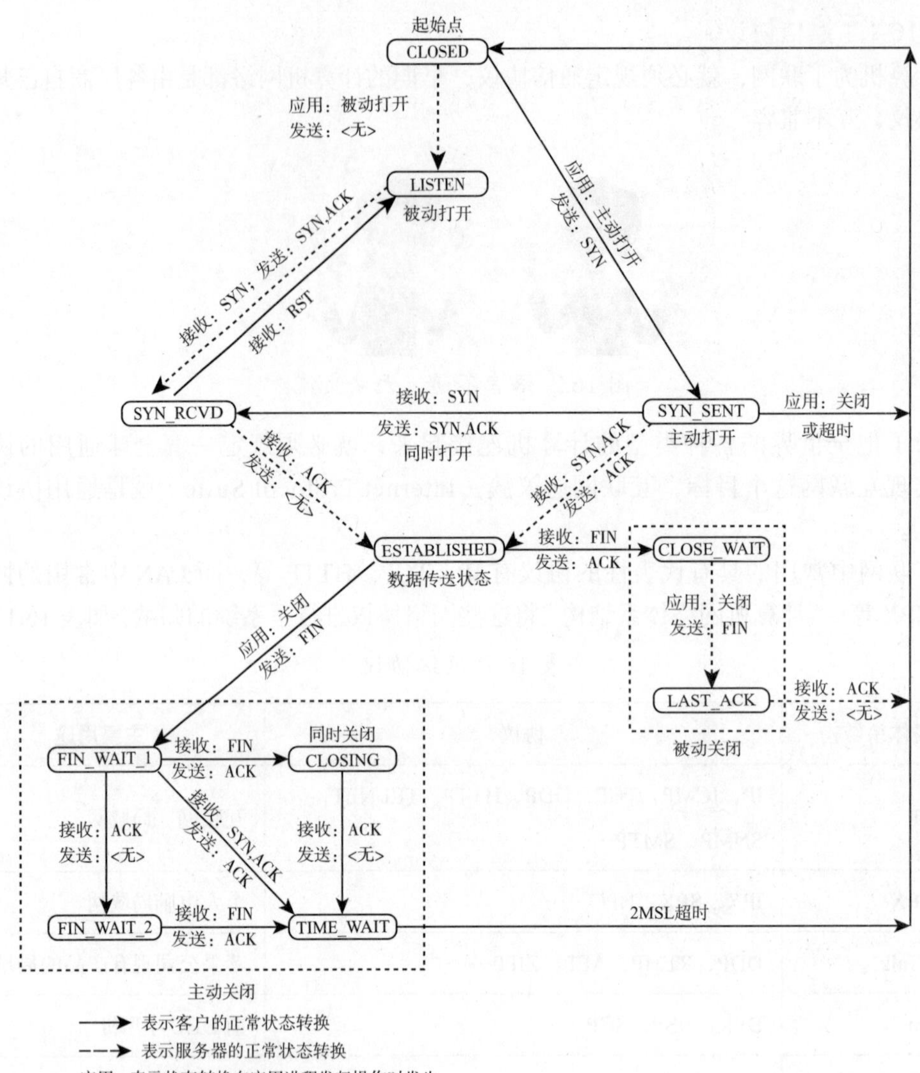

图 16.3 TCP 的不同状态

建立一个 TCP 连接时会发生下列三种情形。

(1) 服务器必须准备好接受外来的连接。这通常通过调用 socket、bind 和 listen 这三个函数来完成，我们称之为被动打开（passive open）。

(2) 客户通过调用 connect 发生主动打开（active open）。这导致客户 TCP 发送一个 SYN（同步）分节，它告诉服务器将在（待建立的）连接中发送的数据的初始序列号，通常 SYN 分节不携带数据，其所在 IP 数据报只含有一个 IP 首部、一个 TCP 首部和可能有的 TCP 选项。

(3) 服务器必须确认（ACK）客户的 SYN，同时自己也需要发送一个 SYN 分节，它含有服务器将在同一连接中发送的数据的初始序列号。服务器在单个分节中发送 SYN 和对客户 SYN 的 ACK（确认）。

这三种情形的发生被称为 TCP 的三路握手（three-way handshake），客户端执行主动打开的情形，如图 16.4 所示。

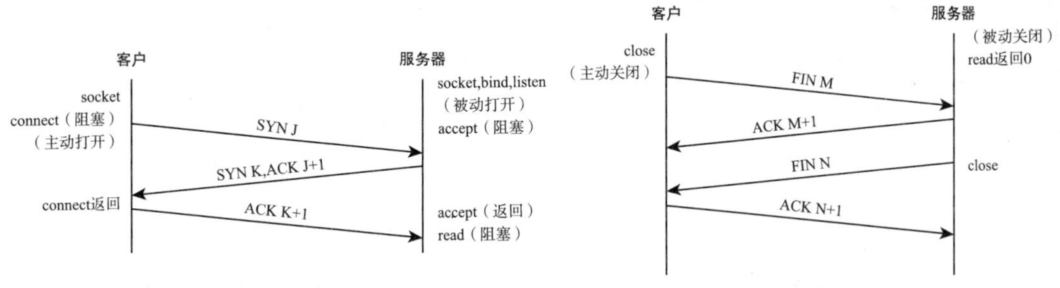

图 16.4 三路握手执行主动打开　　图 16.5 三路握手执行主动关闭

客户端执行主动关闭的情形，如图 16.5 所示，实际上无论客户端还是服务器，都可以执行主动关闭。一般情况下客户端执行主动关闭较多。

❖ 16.1.3 IP 地址

➤ 1. IP 地址介绍

在通信时，通信双方必须知道对方的标识，好比送快递必须知道对方的地址。互联网上每个计算机的唯一标识就是 IP 地址。IP 地址实际上是一个 32 位整数（IPV4）以字符串表示的 IP 地址实际上是把 32 位整数按 8 位分组后的数字表示，目的是便于阅读。

若一台计算机同时接入了多个网络（接入了多个路由器），则该计算机会有很多的 IP 地址，IP 地址的含义，如表 16.2 所示。

表 16.2 IP 地址

地址	含义
网络地址全为 0	表示当前网络或网段
网络地址全为 1	表示所有网络
地址 127.0.0.1	保留用于环回测试。表示当前节点，让节点能够给自己发送测试分组，而不会生成网络流量
节点地址全为 0	表示网络地址或指定网络中的任何主机
节点地址全为 1	表示指定网络中的所有节点。例如，128.2.255.255 表示网络 128.2（B 类地址）中的所有节点
整个 IP 地址全为 0	思科路由器用它来指定默认路由，也可能表示任何网络
整个 IP 地址全为 1（即 255.255.255.255）	到当前网络中所有节点的广播，有时称为“全 1 广播”或限定广播

IP 地址分为两类：IPv4 和 IPv6，两者对比如下表。

	表示方法	区别
IPv4	32 位整数，用数字表示，如：192.168.0.1。	IPv4 是目前使用的 ip 地址，由点分十进制组成。
IPv6	128 位整数，用字符串表示。如：2001:85a:0042:1000:8a2e:0370:7334。	IPv6 是未来使用的 ip 地址，由冒号十六进制组成。

➤ 2. IP 地址的作用

IP 地址的作用是标识网络中唯一的一台设备的，也就是说通过 IP 地址能够找到网络中某台设备。

IP 地址作用效果，如图 16.6 所示。

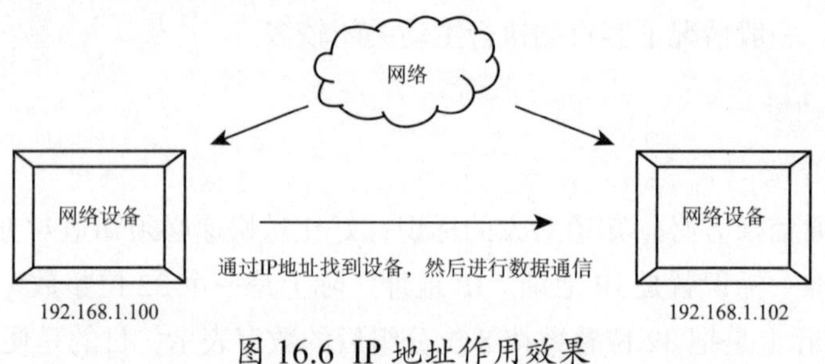

图 16.6 IP 地址作用效果

❖ 16.1.4 子网掩码

➤ 1. 子网掩码的介绍

子网掩码（subnet mask）又叫网络掩码、地址掩码、子网络遮罩，它是一种用来指明一个 IP 地址的哪些位标识的是主机所在的子网，以及哪些位标识的是主机的位掩码。

子网掩码不能单独存在，它必须结合 IP 地址一起使用。子网掩码只有一个作用，就是将某个 IP 地址划分成网络地址和主机地址两部分。

子网掩码是一个 32 位整数，用于屏蔽 IP 地址的一部分以区别网络标识和主机标识，并说明该 IP 地址是在局域网上，还是在远程网上。

注意

(1) 通过子网掩码，就可以判断两个 IP 在不在一个局域网内部。

(2) 子网掩码可以看出有多少位是网络号，有多少位是主机号。

➤ 2. 子网掩码的表示方法

(1) 点分十进制表示法。

二进制转换十进制，每 8 位用点号隔开。

例如：子网掩码二进制 11111111.11111111.11111111.00000000，表示为 255.255.255.0。

(2) CIDR 斜线记法。

格式：IP 地址 /n。

示例 1：192.168.1.100/24，其子网掩码表示为 255.255.255.0，二进制表示为 11111111.11111111.11111111.00000000。

示例 2：172.16.198.12/20，其子网掩码表示为 255.255.240.0，二进制表示为 11111111.11111111.11110000.00000000。

其中，示例 1 中共有 24 个 1，示例 2 中共有 20 个 1，所以 n 是这么来的。运营商 ISP 常用这样的方法给客户分配 IP 地址。

注意

n 为 1 到 32 的数字，表示子网掩码中网络号的长度，通过 n 的个数确定子网的主机数 $=2^{32}-n-2$（-2 的原因：主机位全为 0 时表示本网络的网络地址，主机位全为 1 时表示本网络的广播地址，这是两个特殊地址）。

3. 子网掩码的分类

(1) 缺省子网掩码：也叫默认子网掩码，即未划分子网，对应的网络号的位都置 1，主机号都置 0。

未做子网划分的 IP 地址：网络号＋主机号。

A 类网络缺省子网掩码：255.0.0.0，用 CIDR 表示为 /8。

B 类网络缺省子网掩码：255.255.0.0，用 CIDR 表示为 /16。

C 类网络缺省子网掩码：255.255.255.0，用 CIDR 表示为 /24。

(2) 自定义子网掩码：将一个网络划分子网后，把原本的主机号位置的一部分给了子网号，余下的才是给了子网的主机号，其形式如下：

做子网划分后的 IP 地址：网络号＋子网号＋子网主机号。

例如：192.168.1.100/25，其子网掩码表示：255.255.255.128。

意思是将 192.168.1.0 这个网段的主机位的最高 1 位划分为了子网。

4. 子网掩码和 IP 地址的关系

子网掩码是用来判断任意两台主机的 IP 地址是否属于同一网络的依据，就是拿双方主机的 IP 地址和自己主机的子网掩码做与运算，如结果为同一网络，就可以直接通信。

16.1.5 域名

1. 域名介绍

因为直接记忆 IP 地址非常困难，所以我们通常使用域名访问某个特定的服务。域名解析服务器 DNS 负责把域名翻译成对应的 IP，客户端再根据 IP 地址访问服务器。

※ 说明

在 TCP/IP 网络中，通信双方的主机必须知道彼此的 IP 地址方可进行正常的通信，如果给出的主机的域名，在开始正常的通信前必须把域名转换为 IP 地址。这个域名到 IP 地址的转换过程称为域名解析。

2. 用域名取得主机的 IP 地址

用域名取得主机的 IP 地址：域名是为了便于记忆，来代替 IP 地址访问网络的方法。

在使用域名访问网络时，需要将这个域名转换成相对应的 IP 地址。用域名返回地址的函数是 gethostbyname。函数的使用方法如下。

```
struct hostent *gethostbyname(const char *name);
```

在参数列表中，name 是一个表示域名的字符串。函数会把这个域名转换成一个主机地址结构体返回。结构体 hostent 的定义方法如下。

```
01  struct hostent
02  {
03     char  *h_name;
04     char **h_aliases;
05     int    h_addrtype;
06     int    h_length;
07     char **h_addr_list;
08  };
```

各项参数含义如下。

h_name：正式的主机名称。

h_aliases：这个主机的别名。

h_addrtype：主机名的类型。

h_length：地址的长度。

addr_list：从域名服务器取得的主机的地址。

❖ 16.1.6 Socket

➤ 1. Socket 介绍

在网络上的两个程序通过一个双向的通信连接实现数据的交换，这个连接的其中一端称为一个 Socket（套接字），用于描述 IP 地址和端口。

建立网络通信连接至少要一对端口号（Socket），Socket 本质是编程接口（API），对 TCP/IP 的封装，提供了网络通信能力。

每种服务都打开一个 Socket，并绑定到端口上，不同的端口对应不同的服务，就像 http 对应 80 端口。

Socket 是面向 C/S（客户端 / 服务器）模型设计，客户端在本地随机申请一个唯一的 Socket 号，服务器拥有公开的 Socket，任何客户端都可以向它发送连接请求和信息请求。例如，用手机打电话给 10086 客服，手机号就是客户端，10086 客服是服务器端。必须在知道对方电话号码前提下才能与对方通讯。

Socket 数据处理流程，如图 16.7 所示。

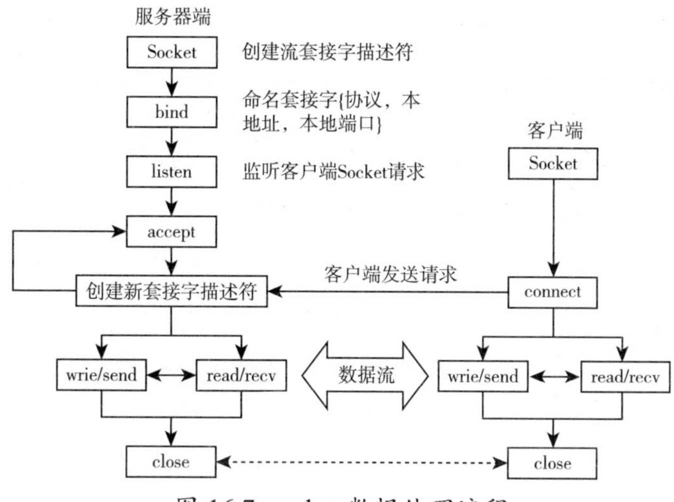

图 16.7 socket 数据处理流程

2. socket() 函数

Python 中，我们用 socket() 函数来创建套接字，其语法格式如下。

```
socket.socket([family[, type[, proto]]])
```

参数说明如下。

family：套接字家族可以使 AF_UNIX 或者 AF_INET。

type：套接字类型可以根据是面向连接的还是非连接分为 SOCK_STREAM 或 SOCK_DGRAM。

protocol：一般不填，默认为 0。

socket 的相关函数及其描述，如表 16.3 所示。

表 16.3 socket 函数

函数	描述
服务器端套接字函数	
s.bind()	绑定地址（host,port）到套接字，在 AF_INET 下，以元组（host,port）的形式表示地址
s.listen()	开始 TCP 监听。backlog 指定在拒绝连接之前，操作系统可以挂起的最大连接数量。该值至少为 1，大部分应用程序设为 5 就可以了
s.accept()	被动接受 TCP 服务器连接，并且以阻塞方式等待连接的到来
s.connect()	主动初始化 TCP 服务器连接，一般 address 的格式为元组（hostname,port），如果连接出错，返回 socket.error 错误
s.connect_ex()	connect() 函数的扩展版本，出错时返回出错码，而不是抛出异常

续表

函数	描述
公共用途的套接字函数	
s.recv()	接收 TCP 数据，数据以字符串形式返回，bufsize 指定要接收的最大数据量。flag 提供有关消息的其他信息，通常可以忽略
s.send()	发送 TCP 数据，将 string 中的数据发送到连接的套接字。返回值是要发送的字节数量，该数量可能小于 string 的字节大小
s.sendall()	完整发送 TCP 数据。将 string 中的数据发送到连接的套接字，但在返回之前会尝试发送所有数据。成功返回 None，失败则抛出异常
s.recvfrom()	接收 UDP 数据，与 recv() 类似，但返回值是（data,address）。其中，data 是包含接收数据的字符串，address 是发送数据的套接字地址
s.sendto()	发送 UDP 数据，将数据发送到套接字，address 是形式为（ipaddr,port）的元组，指定远程地址。返回值是发送的字节数
s.close()	关闭套接字
s.getpeemame()	返回连接套接字的远程地址。返回值通常是元组（ipaddr,port）
s.getsockname()	返回套接字自己的地址。通常是一个元组 (ipaddr,port)
s.gettimeout()	返回当前超时期的值，单位是秒，如果没有设置超时期，则返回 None
s.fileno()	返回套接字的文件描述符
s.setblocking(-flag)	如果 flag 为 0，则将套接字设为非阻塞模式，否则将套接字设为阻塞模式（默认值）。非阻塞模式下，如果调用 recv() 没有发现任何数据，或 send() 调用无法立即发送数据，那么将引起 socket.error 异常

✦ 16.2 TCP 编程

由于 TCP 连接具有安全可靠的特性，所以 TCP 应用更为广泛。创建 TCP 连接时，主动发起连接的叫客户端，被动相应连接的叫服务器。例如，当我们在浏览器中访问微博时，我们自己的计算机就是客户端，浏览器会主动向微博的服务器发起连接。如果一切顺利，微博的服务器接受了我们的连接，一个 TCP 连接就建立起来了，后面的通信就是发送网页内容了。

❖ 16.2.1 创建 TCP 服务器

在程序中，如果想要完成一个 TCP 服务器的功能，需要操作以下流程：

(1) 使用 socket 创建一个套接字。

(2) 使用 bind 绑定 ip 和端口。

(3) 使用 listen 使套接字变为可以被动连接。

(4) 使用 accept 等待客户端的连接。

(5) 使用 recv/send 接收发送数据。

需要注意的是，TCP 客户端连接到服务器的 ip 和端口要与 TCP 服务器监听的 ip 和端口相同，服务器调用 listen() 开始监听端口，而后调用 accept() 时刻准备接受客户端的连接请求，此时服务器处于阻塞状态，直到服务器监听到客户端的请求后，接收请求并建立连接为止。

❖ 16.2.2 创建 TCP 客户端

➤ 1. 使用 Python 建立 TCP echo 服务器

首先编写一个简单的 echo 服务器。该服务器等待用户的连接，连接成功后，它将接收到的用户的任何输入都原封不动地回送给客户端，直到用户关闭了连接，此时服务器自动退出。

注意

echo 服务器（回显服务器），是一种非常有用的用于调试和检测的工具。作用十分简单，接收到的信息原封发回。是路由也是网络中最常用的数据包，可以通过发送 echo 包知道当前的连接节点有哪些路径，并且通过往返时间能得出路径长度。

这个例子使用了 TCP 协议，使用的协议是在创建 socket 时指定的，代码如下。

```
s = socket.socket(socket.AF_INET, socket.SOCK_STREAM)
```

提示

第一个参数 socket.AF_INET 表示使用 TCP/IP 协议族，第二个参数 socket.SOCK_STREAM 表示使用 TCP 而不是 UDP。

我们在服务器端使用端口 12345。对于服务器来说，端口是确定的，如果不确定，客户端就不知道将消息发送到哪里。IP 地址可以不用填写，因为程序可以从操作系统中得到自己的 IP 地址信息。我们使用 bind() 来确定服务器使用的端口和 IP 地址。

```
s.bind((HOST,PORT))
```

listen() 函数是用来等待客户端连接的。一般情况下，服务器是先运行起来，并且一直处于等待状态，直到有客户端发起连接。

```
s.listen(10)
```

参数 10 表示等待队列为 10，也就是说，如果同时有 12 个客户端发起连接，那么第 11 个和第 12 个会被拒绝。这些被拒绝的客户端的 connect() 函数会返回失败信息。

accept() 函数用来接收客户端的连接请求。该函数返回客户端的 IP 地址和端口号信息，并且返回一个新的 socket 对象。

```
conn, addr = s.accept()
```

使用 accept() 返回的新的 socket 对象，既可以读数据，也可以写数据。读数据相当于是从客户端得到它们发送的数据，写数据则相当于是给客户端发送数据。

```
01  data = conn.recv(1024)
02  conn.sendall(data)
```

读数据时可以指定缓存大小，就是说如果客户端发送的数据特别多，可以分几次读取，每次最多读取指定的字节数。在上面的例子中，指定了当前最多读入 1024 个字节的数据，如果客户端发送的数据大于 1024B，则需要多次读入。

最后关闭 socket 以释放资源。服务器有两个 socket，一个用来接收连接请求的，一个用来发送数据。因此，可以看到下面两个关闭语句：

```
01  conn.close()
02  s.close()
```

【例 16.1】

```
01  import socket                       # 使用的 socket 接口
02  HOST = ''                           # 本地地址和端口
03  PORT = 12345
04  s = socket.socket(socket.AF_INET, socket.SOCK_STREAM)       #
    创建 socket
05  s.bind((HOST, PORT))                # 绑定到本地 IP 和端口
06  s.listen(10)                       # 等待用户请求连接
07  conn, addr = s.accept()             # 接收用户连接请求
08  print('Connected From', addr) # 显示用户的地址信息
09  while True:                         # 一直接收用户数据并原封不动地返回
10      data = conn.recv(1024)          # 读入数据
11      if not data:                    # 如果读入失败，如说用户关闭了连接
12          break                       # 跳出循环
13      conn.send(data)                  # 将接收到的数据返回给用户
14  conn.close()                        # 关闭读写数据连接
15  s.close()                           # 关闭连接请求 socket
```

➤ 2. 创建 TCP 客户端

首先需要创建一个 socket 对象。和服务器端一样，也是指定使用 TCP。

```
s = socket.socket(socket.AF_INET, socket.SOCK_STREAM)
```

然后使用 connect() 函数连接到服务器，需要指定服务的 IP 地址和端口号。这两个值都要和服务器端匹配，如服务器使用 12345 端口，那么客户端一定也要指定该端口。

```
s.connect((HOST, PORT))
```

在成功后便可以读写数据了，客户端读数据就是接收服务器端发送过来的数据，客户端写数据就是给服务器端发送数据。读数据时同样可以指定缓存区的大小，方法如下。

```
01  s.sendall(b_data)
02  data = s.recv(1024)
```

在使用完成后可以使用 close() 函数来关闭 socket，以释放资源。

```
s.close()
```

☞ 提示

客户端和服务器端的传输层协议必须一致，不能一个使用 TCP，另一个使用 UDP。

【例 16.2】

```
01  import socket
02  HOST = '127.0.0.1' # 服务器地址
03  PORT = 12345 # 服务器端口
04  s = socket.socket(socket.AF_INET, socket.SOCK_STREAM)
05  s.connect((HOST, PORT)) # 连接服务器
06  data = 'Hello, world'
07  b_data = data.encode("utf-8")
08  s.send(b_data) # 发送数据
09  data = s.recv(1024) # 接收回应
10  s.close() # 关闭连接，释放资源
11  print('Received: ', data)
```

在启动服务器端代码后，启动客户端代码，输出，如图 16.8 所示。

```
IDLE Shell 3.9.1
File Edit Shell Debug Options Window Help
Python 3.9.1 (tags/v3.9.1:1e5d33e, Dec  7 2020, 17:08:21) [MSC v.1927 64 bit (AM
D64)] on win32
Type "help", "copyright", "credits" or "license()" for more information.
>>>
==================== RESTART: D:\新建文件夹\python\editor\b7.py ===============
=====
Received:  b'Hello,world'
>>> |
```

图 16.8 输出结果

在客户端退出时，服务器也会自动退出。

注意

若在 IDLE 上运行时抛出异常，如图 16.9 所示，则需打开两个 IDLE 分别运行客户端与服务器程序。

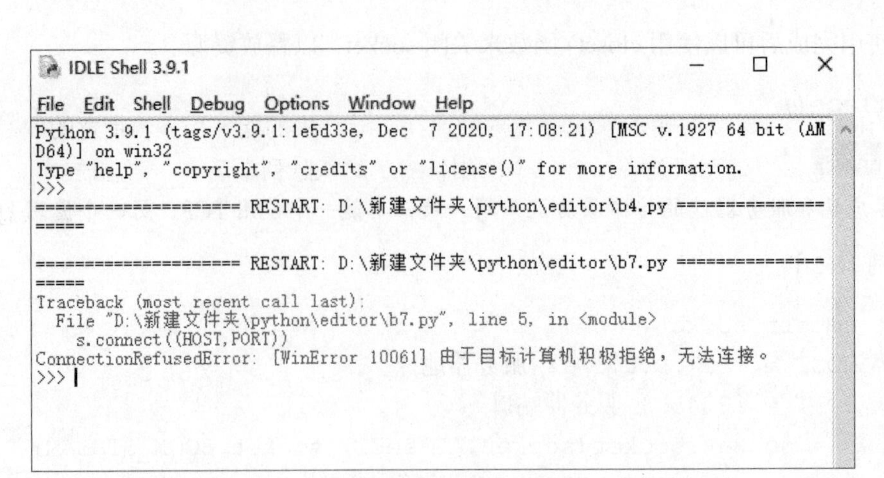

图 16.9 连接异常

❖ 16.2.3 执行 TCP 服务器和客户端

在例 16.2 中，我们设置了一个服务器和一个客户端，并且实现了客户端和服务器之间的通信，根据服务器和客户端执行流程，可以总结出 TCP 客户端和服务器通信模型，如图 16.10 所示。

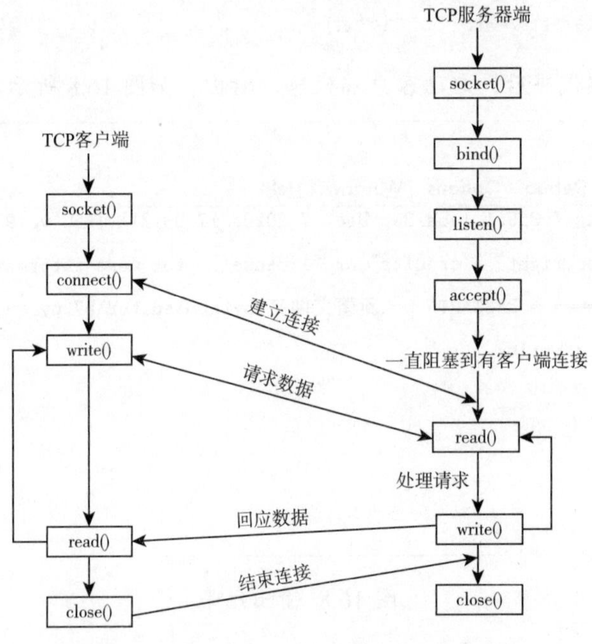

图 16.10 TCP 客户端和服务器通信模型

✦ 16.3 UDP 编程

相对 TCP 协议，UDP 协议则是面向无连接的协议。使用 UDP 协议时，不需要建立连接，只需要知道对方的 IP 地址和端口号，就可以直接发送数据包。但是，数据无法保证一定到达。虽然用 UDP 传输数据不可靠，但是它的优势是比 TCP 协议速度快。对于不要求可靠到达的数据，就可以使用 UDP 协议。

UDP 协议有以下几个特性：

(1) UDP 是一个无连接协议，传输数据之前源端和终端不建立连接，当它想传送时就简单地去抓取来自应用程序的数据，并尽可能快地把它扔到网络上。在发送端，UDP 传送数据的速度仅仅是受应用程序生成数据的速度、计算机的能力和传输带宽的限制；在接收端，UDP 把每个消息段放在队列中，应用程序每次从队列中读一个消息段。

(2) 由于传输数据不建立连接，因而也就不需要维护连接状态，包括收发状态等。因此，一台服务器可同时向多个客户机传输相同的消息。

(3) UDP 信息包的标题很短，只有 8 个字节，相对于 TCP 的 20 个字节信息包的额外开销很小。

(4) 吞吐量不受拥挤控制算法的调节，只受应用软件生成数据的速率、传输带宽、源端和终端主机性能的限制。

UDP 协议被广泛地使用在对网络数据传输实时性很高而对数据准确性要求不是非常高的场合。而当今网络传输物理介质的高速提升（光纤）也降低了数据包丢失的概率。当网络状态很好的时候，UDP 协议的这两个缺点又可以很大程度上被克服。因此，UDP 协议现在被广泛运用在很多 UDP 协议应用中。

❖ 16.3.1 创建 UDP 服务器

UDP 服务器不需要 TCP 服务器那么多的设置，因为它们不是面向连接的。除了等待传入的连接之外，几乎不需要做其他工作。

下面示例通过使用 socket 套接字创建一个 UDP 服务器。

【例 16.3】

```
01  import socket
02  from time import strftime, localtime
03
04  HOST = ''
05  PORT = 7788
06  BUFSIZE = 1024
07  ADDR = (HOST, PORT)
08
09  udp_s = socket.socket(socket.AF_INET, socket.SOCK_DGRAM)
10  udp_s.bind(ADDR)
11
12  while True:
13      print("Wait for messages.....")
14      data, addr = udp_s.recvfrom(BUFSIZE)
15      udp_s.sendto(
16          str(
17                  '[%s] %s\n' % (strftime("%Y-%m-%d %H:%M:%S",
    localtime()), str(data))
18          ).encode('gbk'), addr)
19      print("...received from and returned to: ", addr)
```

```
20
21  upd_s.close()
```

上述程序除了创建套接字并将其绑定到本地址（主机名 / 端口）外，并无额外工作，所以 while 循环包含接收客户端消息，返回消息，然后回到等待另外一条消息的状态。

❖ 16.3.2 创建 UDP 客户端

创建一个 UDP 客户端程序，需要操作以下流程：

(1) 创建客户端套接字。

(2) 发送 / 接收数据。

(3) 关闭套接字。

通过下面示例来了解创建一个 UDP 客户端程序。

【例 16.4】

```
01  import socket
02
03  HOST = 'localhost'
04  PORT = 8080
05  BUFSIZE = 1024
06  ADDR = (HOST, PORT)
07  # 导入 socket 模块，定义通信时需要使用的变量。
08  udp_c = socket.socket(socket.AF_INET, socket.SOCK_DGRAM)
09  # 创建一个套接字对象，用于接下来的数据交换。
10  while True:
11      data = input('请输入您要发送的数据：')
12      if not data:
13          break
14      udp_c.sendto(data.encode('gbk'), ADDR)
15      data, ADDR = udp_c.recvfrom(BUFSIZE)
16      if not data:
17          break
18      print(data)
19  # 设置一个循环，用来发送或接收信息，在发送信息的时候，需要对数据进行编
    码处理。
20  udp_c.close() # 关闭套接字对象，结束通信。
```

上述代码使用套接字以 UDP 连接方式建立了一个简单的客户端程序，当在客户端创建套接字后，会直接给服务器端发送数据，而没有进行连接。当用户键入“input()”，即空数据时退出 while 循环，关闭套接字对象。

❖ 16.3.3 执行 UDP 服务器和客户端

在 UDP 通信模型中，在通信开始之前，不需要建立相关的链接，只需要发送数据即可。

UDP 通信模型，如图 16.11 所示。

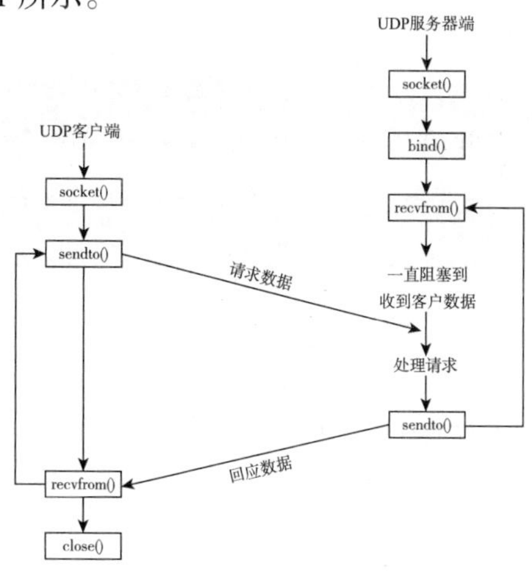

图 16.11 UDP 通信模型

✦ 16.4 Python 第三方库

Python 第三方库是采用额外安装方式来提供更广泛的 Python 计算生态，由不同行业的开发者“尽力而为”进行维护。第三方库的领域有数据分析、文本处理、机器学习、游戏开发等。

❖ 16.4.1 requests 库

Python 语言提供了多个具备网络爬虫功能的第三方库，requests 库是其中一种。requests 库是一个建立在 Python 语言的 urllib3 库基础上，简洁且简单的处理 HTTP 请求的第三方库，其最大优点是程序编写过程更接近正常 URL 访问过程。requests 库支持非常丰富的链接访问功能，包括国际域名和 URL 获取、HTTP 长连接和自动解压缩、自动内容解码等。有关 requests 库的更多介绍请访问 http://www.python-requests.org/。

❖ 16.4.2 pandas 库

numpy 是 Python 的一种开源数值计算扩展第三方库，用于处理数据类型相同的多维数组。而 pandas 是基于 numpy 扩展的一个重要第三方库，用来解决数据分析任务而创建的，为时间序列分析提供了很好的支持。pandas 提供一维数组类型 Series 和二维数组数据类型 DataFrame。有关 pandas 库的更多介绍请访问 http://pandas.pydata.org/。

附录 Python 案例实操手册

✦ 案例一　小游戏“猜数字”“剪刀石头布”

❖ 1. 项目概述

在学习 Python 的过程中我们会遇到很多语法与逻辑的学习，本项目将通过两个小游戏巩固之前学习的知识。

猜数字小游戏：游戏开始电脑自动生成一个 100 以内的整数，我们需要打出猜的答案，如果答案比随机数大电脑会告诉我们大了，如果答案比随机数小电脑会告诉我们小了，直到猜中为止。

剪刀石头布小游戏：和电脑玩猜拳游戏，剪刀 > 布；布 > 石头；石头 > 剪刀。

❖ 2. 设计流程

猜数字小游戏的设计思路，如图 1 所示。

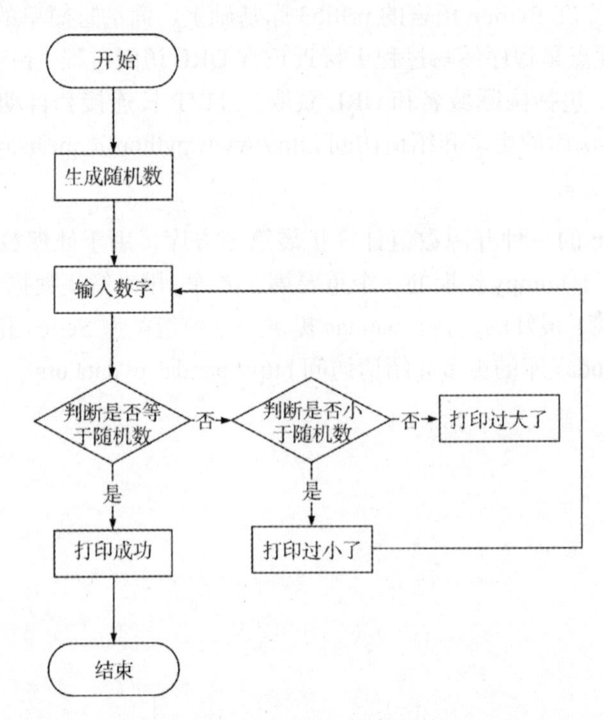

图 1 猜数字小游戏的设计流程

剪刀石头布小游戏的设计思路，如图 2 所示。

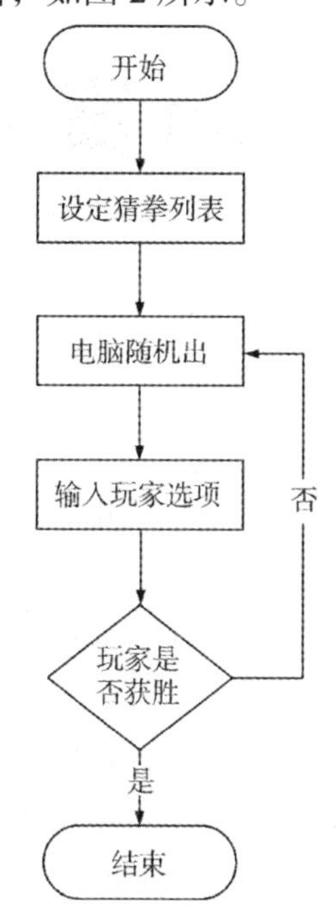

图 2 剪刀石头布小游戏的设计流程

❖ 3. 系统预览

小游戏合集默认显示效果，如图 3 所示。

```
---------------
游戏菜单
1.猜数字游戏
2.剪刀石头布
---------------
请输入你要玩的游戏编号:
```

图 3 小游戏合集默认显示效果

输入选项进入相应功能，如图 4 所示。

```
---------------
游戏菜单
1.猜数字游戏
2.剪刀石头布
---------------
请输入你要玩的游戏编号：1
请输入100以内的整数：50
大了
请输入你要玩的游戏编号：|
```

图 4 输入选项后进入游戏界面效果

❖ 4. 开发工具准备

操作系统：Windows7、Windows8 或 Windows10

开发工具：IDLE

开发模块：random

❖ 5. 小游戏合集

➤ 5.1 模块学习

本项目会用到 random 库。

random 库是使用随机数的 Python 标准库。

从概率论角度来说，随机数是随机产生的数据（比如抛硬币），但计算机是不可能产生随机值，真正的随机数也是在特定条件下产生的确定值，只不过这些条件我们没有理解，或者超出了我们的理解范围。计算机不能产生真正的随机数，那么伪随机数也就被称为随机数。

-- 伪随机数：计算机中通过采用梅森旋转算法生成的（伪）随机序列元素。

Python 中用于生成伪随机数的函数库是 random。

因为是标准库，使用时候只需要 import random。

random 库包含两类函数，常用的共 8 个：

-- 基本随机函数： seed(), random()。

-- 扩展随机函数：randint(), getrandbits(), uniform(), randrange(), choice(), shuffle()。

表 1 基本随机函数

函数	描述
seed(a=None)	初始化给定的随机数种子，默认为当前系统时间 >>>random.seed(10) # 产生种子 10 对应的序列
random()	生成一个 [0.0,1.0) 之间的随机小数 >>>random.random() 0.5714025946899135 # 随机数产生与种子有关，如果种子是 1 哦，第一个数必定是这个

表 2 扩展随机函数

函数	描述
uniform(a,b)	生成一个 [a,b] 之间的随机小数 >>>random.uniform(10,100)
randrange(m,n\[,k\])	生成一个 [m,n) 之间以 k 为步长的随机整数 >>>random.randrange(10,100,10)
getrandbits(k)	生成一个 k 比特长的随机整数 >>>random.getrandbits(16) 37885

续表

函数	描述
uniform(a,b)	生成一个 [a,b] 之间的随机小数 >>>random.uniform(10,100) 16.848041210321334
choice(seq) 序列相关	从序列中随机选择一个元素 >>>random.choice([1, 2, 3, 4, 5, 6, 7, 8, 9]) 8
shuffle(seq) 序列相关	将序列 seq 中元素随机排列，返回打乱后的序列 >>>s=[1, 2, 3, 4, 5, 6, 7, 8, 9]; random.shuffle(s); print(s) [9, 4, 6, 3, 5, 2, 8, 7, 1]

➤ 5.2 导入模块

导入 random 模块，代码如下：

```
import random
```

➤ 5.3 主界面功能实现

创建主界面并通过输入数字选择选项，代码如下：

```
print("""--------------
游戏菜单
1.猜数字游戏
2.剪刀石头布
--------------""")
while True:
     option = int(input("请输入你要玩的游戏编号："))
     if option == 1:
         pass
     if option == 2:
         pass
     else: #如果输入数字不是 1 或 2 那么重新输入直到合理为止
         continue
```

➤ 5.4 猜数字小游戏实现

猜数字小游戏，代码如下：

```
if option == 1:
   computer=random.randint(1,100)
   while True:
       number=int(input("请输入 100 以内的整数："))
       if number == computer:
          print("恭喜你赢了")
```

```
        break
    elif number<computer:
        print(" 小了 ")
    else:
        print(" 大了 ")
```

展示效果，如图 5 猜数字小游戏界面所示。

```
--------------
游戏菜单
1.猜数字游戏
2.剪刀石头布
--------------
请输入你要玩的游戏编号：1
请输入100以内的整数：50
小了
请输入100以内的整数：75
大了
请输入100以内的整数：67
大了
请输入100以内的整数：62
大了
请输入100以内的整数：55
大了
请输入100以内的整数：52
恭喜你赢了
```

图 5 猜数字小游戏界面

➤ 5.5 剪刀石头布小游戏实现

剪刀石头布小游戏，代码如下：

```
if option == 2:
    guess_list = [" 石头 ", " 剪刀 ", " 布 "]
    while True:
        computer = random.choice(guess_list)
        people = input(' 请选择石头，剪刀，布：')
        if people not in guess_list:
            continue
        elif computer == people:
            print(" 平手！ ")
        elif (computer == " 石头 " and people == " 剪刀 ") or
(computer == " 布 " and people == " 石头 ") or (computer == " 剪刀 "
and people == " 布 "):
            print(" 电脑获胜！ ")
        else:
```

```
            print(" 人获胜！ ")
            break
```

展示效果，如图 6 剪刀石头布小游戏界面所示。

```
--------------
游戏菜单
1.猜数字游戏
2.剪刀石头布
--------------
请输入你要玩的游戏编号：2
请选择石头,剪刀,布：石头
人获胜!
请输入你要玩的游戏编号：2
请选择石头,剪刀,布：布
电脑获胜!
请选择石头,剪刀,布：布
电脑获胜!
请选择石头,剪刀,布：布
人获胜!
```

图 6 剪刀石头布小游戏界面

➤ 5.6 完整代码展示

```
import random

print("""--------------
游戏菜单
1. 猜数字游戏
2. 剪刀石头布
--------------""")
while True:
    option = int(input(" 请输入你要玩的游戏编号：")) 
    if option == 1:
        computer=random.randint(1,100)
        while True:
            number=int(input(" 请输入 100 以内的整数：")) 
            if number == computer:
                print(" 恭喜你赢了 ")
                break
            elif number<computer:
                print(" 小了 ")
            else:
                print(" 大了 ")
    if option == 2:
```

```
            guess_list = ["石头", "剪刀", "布"]
            while True:
                computer = random.choice(guess_list)
                people = input('请选择石头，剪刀，布：')
                if people not in guess_list:
                    continue
                elif computer == people:
                    print("平手！")
                elif (computer == "石头" and people == "剪刀")
or (computer == "布" and people == "石头") or (computer == "剪
刀" and people == "布"):
                    print("电脑获胜！")
                else:
                    print("人获胜！")
                    break
        else:
            continue
```

✦ 案例二　个人信息录入系统

❖ 1. 项目概述

网络时代，生活已离不开互联网，在我们使用某一软件时往往会遇到注册或输入个人信息的情况，如果我们在输入个人信息时输入错误，那系统可能会及时告知我们进行修改，其中的检测原理我们会在本案例进行模拟。

❖ 2. 设计流程

个人信息录入系统的设计思路，如图 1 所示。

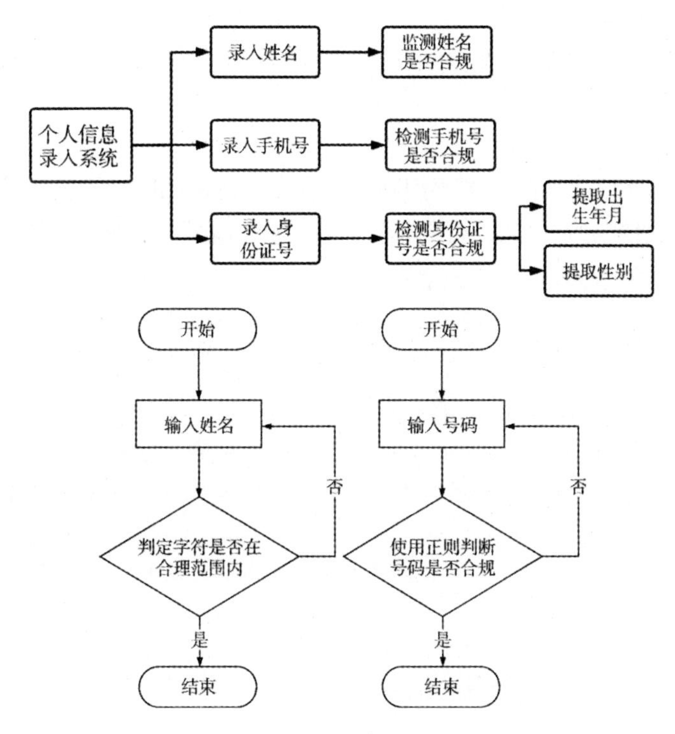

图 1 个人信息录入系统的设计流程

❖ 3. 系统预览

个人信息录入系统默认显示效果，如图 2 所示。

```
请输入你的姓名：张三
输入成功
请输入手机号码：17666666666
手机号码正确。
请输入身份证号码：410521199603156547
身份证号码正确。

----------------
姓名：张三
性别：女
出生年月：1996年03月15日
身份证号：410521199603156547
电话：17666666666
----------------
```

图 2 个人信息录入系统默认显示效果

❖ 4. 开发工具准备

操作系统：Windows7、Windows8 或 Windows10

开发工具：IDLE

开发模块：re

❖ 5. 个人信息录入系统的开发

➤ 5.1 导入模块

本项目会用到正则去判定手机号码和身份证号的规范性。

导入 re 模块，代码如下：

```
import re
```

➤ 5.2 基础功能实现

（1）姓名规范性检测功能，主要用到 for 循环遍历输入的姓名字符，如果字符在中文字符的编码范围内则判定为中文，否则不符合规范重新输入，代码如下：

```
def add_name():
    global name    # 变量 name 为全局变量
    while True:
        name = input("请输入你的姓名：")
        for _char in name:# 检验是否全是中文字符
            if not \u4e00' <= _char <= '\u9fff':# 中文字符的编码范围是：\u4e00 - \u9fff
                print("输入有误，请重新输入：")
                break
            else:
                print("输入成功")
                Break
```

运行效果，如图 3 所示。

```
请输入你的姓名：王66
输入有误，请重新输入：
请输入你的姓名：王五
输入成功
```

图 3 运行效果

（2）手机号码规范性验证，通过正则匹配市场上合理的手机号码前三位，对比输入的手机号码，从而检测输入号码的规范性，代码如下：

```
def add_phone():
    global phone
    while True:
        global phone
```

```
            phone = input(" 请输入手机号码: ")
             phone_pat  =  re.compile('^(13\d|14[5|7]|15\
d|166|17[3|6|7]|18\d)\d{8} $ ')
            res = re.search(phone_pat,phone)
             if not res:
                   print(" 手机号码异常，请重新输入: ")
                   continue
             print(" 手机号码正确。")
             break
```

运行效果，如图 4 所示。

```
请输入手机号码: 123456
手机号码异常，请重新输入:
请输入手机号码: 17635466584
手机号码正确。
```

图 4 运行效果

（3）身份证号码规范性验证，和手机号验证一样，身份证号码的验证稍微复杂一点，正则表达式为：

```
    ^[1-9]\d{5}(18|19|20)\d{2}(0[1-8]|1[0-2])(0[1-9]|[12][0-
9]|3[01])\d{3}[0-9xX]$
```

功能代码如下：

```
    def add_idnumber():
        global idnumber
        while True:
            idnumber = input(" 请输入身份证号码: ")
             idnumber_pat=re.compile("^[1-9]\d{5}(18|19|20)\d{2}
(0[1-8]|1[0-2])(0[1-9]|[12][0-9]|3[01])\d{3}[0-9xX]$")
            res = re.search(idnumber_pat,idnumber)
            if not res:
                print(" 身份证号码异常，请重新输入: ")
                continue
            print(" 身份证号码正确。")
            break
```

运行效果，如图 5 所示。

```
请输入身份证号码: 111111
身份证号码异常，请重新输入:
请输入身份证号码: 410522199603152487
身份证号码正确。
```

图 5 运行效果

5.3 自动判断功能实现

（1）通过已输入过的身份证号可以判断出人的性别，代码如下：

```
def check_gender(idnumber):# 身份证第 17 位奇数为男性，偶数为女性
    global gender
    if int(idnumber[16]) % 2 == 0:
       gender = "女"
    else:
       gender = "男"
check_gender(idnumber)
```

（2）通过已输入过的身份证号可以判断出人的出生日期，代码如下：

```
def check_birth_date(idnumber):# 身份证
    global birthdate
    year = idnumber[6:10]
    month = idnumber[10:12]
    day = idnumber[12:14]
    birthdate = f"{year}年{month}月{day}日"
check_birth_date(idnumber)
```

5.4 界面制作

窗口的显示界面设计，代码如下：

```
def display():
    print(
f'''
----------------
姓名：{name}
性别：{gender}
出生年月：{birthdate}
身份证号：{idnumber}
电话：{phone}
----------------
'''
        )
while True:
    add_name()
    add_phone()
    add_idnumber()
    display()
```

程序整体运行效果，如图 6 所示。

```
请输入你的姓名：王五
输入成功
请输入手机号码：123456
手机号码异常，请重新输入：
请输入手机号码：17635466584
手机号码正确。
请输入身份证号码：111111
身份证号码异常，请重新输入：
请输入身份证号码：410522199603152487
身份证号码正确。

----------------
姓名：王五
性别：女
出生年月：1996年03月15日
身份证号：410522199603152487
电话：17635466584
----------------
```

图 6 运行效果

➤ 5.5 完整代码展示

```
import re

def add_name():
    global name
    while True:
        name = input("请输入你的姓名：")
        for _char in name: # 检验是否全是中文字符
            if not '\\u4e00' <= _char <= '\\u9fff':# 中文字符的编
码范围是：\\u4e00 - \\u9fff
                print("输入有误，请重新输入：")
                break
        else:
                print("输入成功")
                break

def add_phone():
    global phone
    while True:
        global phone
        phone = input("请输入手机号码：")
        phone_pat = re.compile('^(13\d|14[5|7]|15\
d|166|17[3|6|7]|18\d)\d{8}$')
        res = re.search(phone_pat, phone)
```

```
            if not res:
                print("手机号码异常，请重新输入：")
                continue
            print("手机号码正确。")
            break

def add_idnumber():
    global idnumber
    while True:
        idnumber = input("请输入身份证号码：")
        idnumber_pat = re.compile("^[1-9]\d{5}(18|19|20)\d{2}
(0[1-8]|1[0-2])(0[1-9]|[12][0-9]|3[01])\d{3}\[0-9xX]$")
        res = re.search(idnumber_pat,idnumber)
        if not res:
            print("身份证号码异常，请重新输入：")
            continue
        print("身份证号码正确。")
        break
def check_gender(idnumber): # 身份证第17位奇数为男性，偶数为女性
    global gender
    if int(idnumber[16]) % 2 == 0:
        gender = "女"
    else:
        gender = "男"
check_gender(idnumber)

def check_birth_date(idnumber): # 身份证
    global birthdate
    year = idnumber[6:10]
    month = idnumber[10:12]
    day = idnumber[12:14]
    birthdate = f"{year}年{month}月{day}日"
check_birth_date(idnumber)

def display ():
    print(
f"'
----------------
姓名：{name}
性别：{gender}
出生年月：{birthdate}
```

```
身份证号：{idnumber}
电话：{phone}
----------------
" '
          )

while True:
     add_name()
     add_phone()
     add_idnumber()
     display()
```

✦ 案例三　教学管理系统

❖ 1. 项目概述

随着时代的发展，信息化的管理已经进入我们的生活，各种各样的系统被人们开发并使用，本章将结合结合以往的学习内容制作一个教学管理系统，本项目主要可以实现学生信息查询与维护。

❖ 2. 设计流程

教学管理系统的设计思路，如图 1 所示。

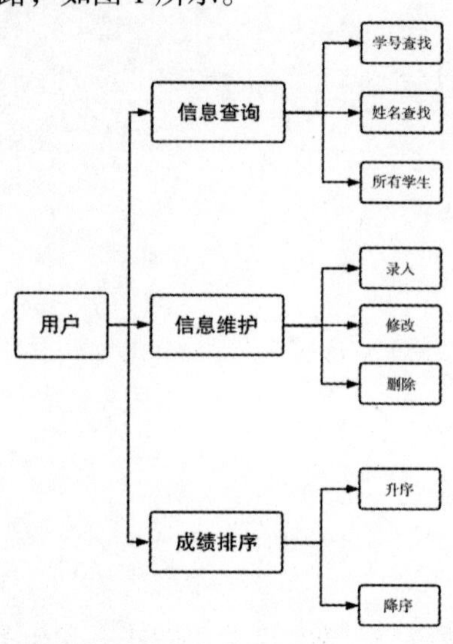

图 1 教学管理系统的设计流程

❖ 3. 系统预览

教学管理系统默认显示效果，如图 2 所示。

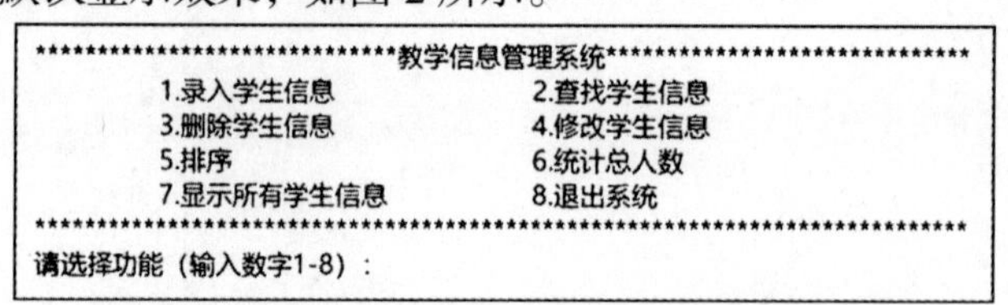

图 2 教学管理系统默认显示效果

输入选项进入相应功能，如图 3 所示。

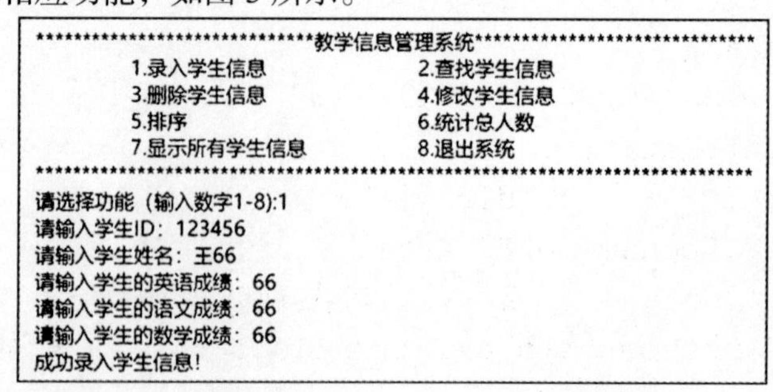

图 3 教学管理系统录入学生信息效果

录入后在程序位置会自动生成信息文档，如图 4 所示。

图 4 自动生成的信息文档

Student.txt 内容展示：

```
{'id': '123456', 'name': '王66, 'scores': {'英语': 88.0, '
语文': 88.0, '数学': 88.0}}
{'id': '321654', 'name': '李四', 'scores': {'英语': 45.0, '
语文': 99.0, '数学': 100.0}}
```

❖ 4. 开发工具准备

操作系统：Windows7、Windows8 或 Windows10

开发工具：IDLE

开发模块：OS

❖ 5. 教学管理系统的开发

➤ 5.1 导入模块及类的创建

创建类，本项目可创建两个类：学生类和列表类，学生类中保存学生的各种属性，列表类中主要实现各种功能。

（1）导入 os 模块，代码如下：

```
import os
```

（2）创建类学生类和学生列表类，代码如下：

```
class Student():
    def __init__(self):
        self.id = None # id号
        self.name = None # 名字
       self.scores = {'英语':None, '语文':None, '数学':None}#
使用一个字典来存储成绩

class StudentList():
    def __init__(self, filename):
        self.filename = filename
        self.data = [ ]# 用列表形式存储所有的数据
         if not os.path.exists(self.filename):# 如果路径不存在,
那么创建文件
            open(self.filename, 'w')
```

```
        with open(self.filename, 'r') as file:
            for item in file.readlines():# 将所有信息存储到列表中
                self.data.append(dict(eval(item)))
```

➤ 5.2 基础功能实现

（1）保存功能，代码如下：

```
def save(self):  # 将 self.data 中的信息更新到 txt 文件中
    with open(self.filename, 'w') as file:
        for item in self.data:
            file.writelines(str(item)+' \n' )
```

（2）用户提供 ID，返回 ID 对应的信息，代码如下：

```
def find_id(self, id):
    if not self.is_id_exist(id):
        print(" 该 ID 不存在！ ")
        return None
    for item in self.data:
        if not item[' id' ] == id:
            continue
        else:
            return item
```

（3）检查 id 是否存在，代码如下：

```
def is_id_exist(self, id):
    for item in self.data:
        if id == item[' id' ]:
            return True
```

➤ 5.3 增删改查功能实现

（1）插入新的学生信息，代码如下：

```
def insert(self):
    student = Student()
    while True:
        student.id = input(' 请输入学生 ID: ')
        if self.is_id_exist(student.id):
            print("ID 号已存在，请重新输入！ ")
            continue
        if student.id.strip() == '':  # strip 删除字符串前后的
空格
            print(' 学生 ID 不可为空 ')
            continue
```

```
            while True:
              student.name = input(' 请输入学生姓名: ')
              if student.name.strip() == '':
                 print(' 学生姓名不可为空 ')
              else:
                 break
       for subject in student.scores.keys(): # keys 能够获得字典的
键列表
           while True:
              try:
              score = float(input(f' 请输入学生的 {subject} 成绩: '))
                 if not 0 <= score <= 100:
   raise ValueError
   student.scores[subject] = score
   break
   except ValueError:
   print(' 学生成绩必须是 0-100 之间的数字，请重新输入！ ')
   self.data.append({'id':student.id, 'name':student.name,
'scores':student.scores})
   self.save()
   print(" 成功录入学生信息！ ")
   break
```

（2）删除学生信息，代码如下：

```
   def delete(self):
       while True:
           id = input(" 请输入想要删除的学生 ID: ")
           item = self.find_id(id)
           if item != None:
              self.data.remove(item)  # remove 删除
              print(f" 已成功删除 ID 为 {id} 的学生 ")
              self.save()
              return
```

展示效果，如图 5 删除界面所示。

```
*****************************教学信息管理系统*****************************
          1.录入学生信息              2.查找学生信息
          3.删除学生信息              4.修改学生信息
          5.排序                      6.统计总人数
          7.显示所有学生信息          8.退出系统
**************************************************************************
请选择功能（输入数字1-8):3
请输入想要删除的学生ID：123456
已成功删除ID为123456的学生
```

图 5 删除界面

（3）给出 ID 号，可修改学生信息，代码如下：

```
def modify(self):
    while True:
        id = input("请输入想要修改的学生 ID: ")
        item = self.find_id(id)
           self.data.remove(item)
     for subject in item['scores'].keys():
    while True:
try:
score = float(input(f'请修改学生的{subject}成绩: '))
if not 0 <= score <= 100:
raise ValueError
item['scores'][subject] = score
break
except ValueError:
print('学生成绩必须是 0-100 之间的数字，请重新输入！ ')
self.data.append(item)
self.save()
print(f"已成功修改 ID 为{id}的学生成绩")
break
```

展示效果，如图 6 修改界面所示。

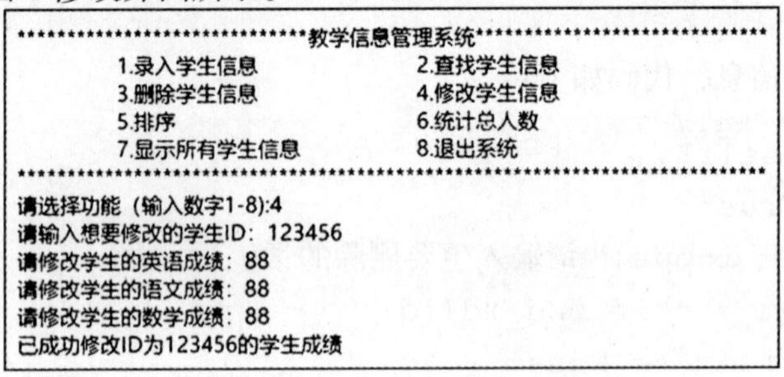

```
****************************教学信息管理系统****************************
        1.录入学生信息              2.查找学生信息
        3.删除学生信息              4.修改学生信息
        5.排序                      6.统计总人数
        7.显示所有学生信息          8.退出系统
************************************************************************
请选择功能（输入数字1-8):4
请输入想要修改的学生ID: 123456
请修改学生的英语成绩: 88
请修改学生的语文成绩: 88
请修改学生的数学成绩: 88
已成功修改ID为123456的学生成绩
```

图 6 修改界面

（4）查询学生信息功能可查询指定学生的信息，代码如下：

```
def search(self):
    query = input("请输入想要搜索的 ID 或姓名 :")
    if len(self.data) != 0 :
       print(f"{'ID':<10}{'姓名':<8}{'英语':<8}{'语文':<8}{'
数学':<8}") # <代表靠左对齐，后面的数字代表字符串宽度
       for item in self.data:
        if query == item['id'] or query == item['name']:
              print(f"{item['id']:<10}{item['name']:<10}
```

```
{item['scores']['英语']:<10}{item['scores']['语文']:<10}
{item['scores']['数学']:<10}")
            else:
                print('无数据显示')
```

展示效果，如图 7 查找界面所示。

```
******************************教学信息管理系统******************************
            1.录入学生信息                2.查找学生信息
            3.删除学生信息                4.修改学生信息
            5.排序                        6.统计总人数
            7.显示所有学生信息            8.退出系统
****************************************************************************
请选择功能（输入数字1-8):2
请输入想要搜索的ID或姓名:123456
ID      姓名    英语    语文    数学
123456  王66    88.0    88.0    88.0
```

图 7 查找界面

> 5.4 其他功能实现

（1）排序功能可对现有所有学生的任意一门成绩进行降序排序，代码如下：

```
    def sort(self): # 对学生成绩排序，可选英语，数学，语文这三种学科进行
降序排序
        while True:
            choice = input("请选择想要排序的科目：")
            if choice in ['英语','数学','语文']:
                self.data.sort(key = lambda x:float(x['scores']
[choice]), reverse=True)
                self.show_lst()
            break
```

展示效果，如图 8 排序界面所示。

```
******************************教学信息管理系统******************************
            1.录入学生信息                2.查找学生信息
            3.删除学生信息                4.修改学生信息
            5.排序                        6.统计总人数
            7.显示所有学生信息            8.退出系统
****************************************************************************
请选择功能（输入数字1-8):5
请选择想要排序的科目：英语
ID      姓名    英语    语文    数学
123456  王66    88.0    88.0    88.0
321654  李四    45.0    99.0    100.0
```

图 8 排序界面

（2）统计功能可统计系统中学生数量，代码如下：

```
    def total(self):
        print(f"总共有{len(self.data)}名同学的信息")
```

展示效果，如图 9 统计界面所示。

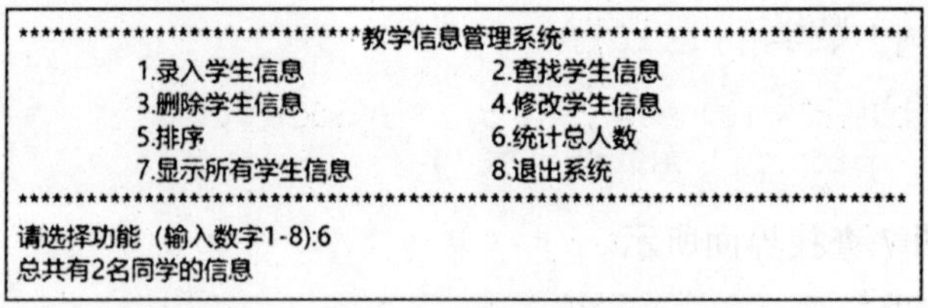

```
******************************教学信息管理系统******************************
            1.录入学生信息                    2.查找学生信息
            3.删除学生信息                    4.修改学生信息
            5.排序                            6.统计总人数
            7.显示所有学生信息                8.退出系统
****************************************************************************
请选择功能（输入数字1-8):6
总共有2名同学的信息
```

图 9 统计界面

（3）展示功能用于展示所有学生的信息，代码如下：

```
def show_lst(self): # 展示所有学生信息
        if len(self.data) != 0 :
            print(f"{'ID':<10}{'姓名':<8}{'英语':<8}{'语文':<8}{'数学':<8}")
            for item in self.data:
                print(f"{item['id']:<10}{item['name']:<10}{item['scores']['英语']:<10}{item['scores']['语文']:<10}{item['scores']['数学']:<10}")
        else:
            print('无数据显示')
```

展示效果，如图 10 展示界面所示。

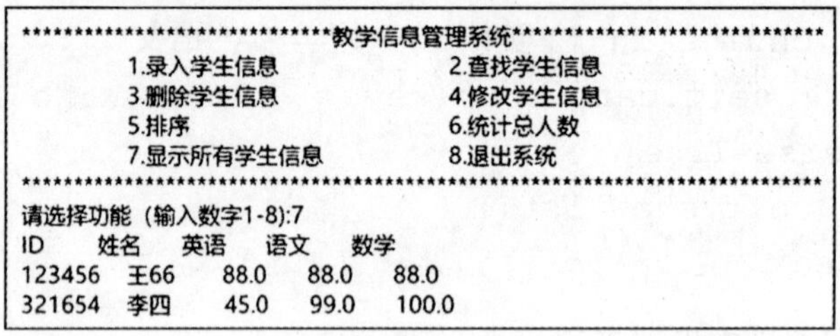

```
******************************教学信息管理系统******************************
            1.录入学生信息                    2.查找学生信息
            3.删除学生信息                    4.修改学生信息
            5.排序                            6.统计总人数
            7.显示所有学生信息                8.退出系统
****************************************************************************
请选择功能（输入数字1-8):7
ID      姓名    英语    语文    数学
123456  王66    88.0    88.0    88.0
321654  李四    45.0    99.0    100.0
```

图 10 展示界面

▶ 5.5 主函数及界面制作

（1）窗口的显示界面设计，代码如下：

```
def menu():
    print('******************************教学信息管理系统*****************************')
    print('\t1.录入学生信息\t\t2.查找学生信息')
    print('\t3.删除学生信息\t\t4.修改学生信息')
    print('\t5.排序\t\t\t6.统计总人数')
    print('\t7.显示所有学生信息\\t\\t8.退出系统')
    print('**************************************************************************')
```

（2）主函数（选项功能），代码如下：

```
def main():
    student_list = StudentList('student.txt')
    menu()
    while True:
        functions = {'1':student_list.insert, '2':student_list.
search,'3':student_list.delete, '4':student_list.modify,
'5':student_list.sort, '6':student_list.total,
'7':student_list.show_lst}
        choice = input("请选择功能（输入数字1-8):")
        if choice in functions:
            functions[choice]()# 通过字典来选择调用的函数
            menu()
        elif choice == '8':
            answer = input('确定退出系统吗（输入y或n）: ')
            if answer == 'y' or answer == 'Y':
                print('~~~~~~~~~~~~~~~感谢使用~~~~~~~~~~~~~~~')
                break
            else:
                continue
        else:
            print('输入错误，请重新输入。')

if __name__ == "__main__":
    main()
```

➤ 5.6 完整代码展示

```
import os
class Student():
    def __init__(self):
        self.id = None # id号
        self.name = None # 名字
        self.scores = {'英语':None, '语文':None, '数学':None}#
使用一个字典来存储成绩

class StudentList():
    def __init__(self, filename):
        self.filename = filename
        self.data = [] # 用列表形式存储所有的数据
        if not os.path.exists(self.filename): # 如果路径不存在，
那么创建文件
```

```
            open(self.filename, 'w')
        with open(self.filename, 'r') as file:
            for item in file.readlines(): # 将所有信息存储到列表中
                self.data.append(dict(eval(item)))

def save(self): # 将 self.data 中的信息更新到 txt 文件中
    with open(self.filename, 'w') as file:
        for item in self.data:
            file.writelines(str(item)+'\n')

def find_id(self, id): # 用户提供 ID，返回 ID 对应的信息
    if not self.is_id_exist(id):
        print("该 ID 不存在！ ")
        return None
    for item in self.data:
        if not item['id'] == id:
            continue
        else:
            return item

def is_id_exist(self, id): # 检查 id 是否存在
    for item in self.data:
        if id == item['id']:
            return True

def insert(self): # 插入新的学生信息
    student = Student()
    while True:
        student.id = input('请输入学生 ID：')
        if self.is_id_exist(student.id):
            print("ID 号已存在，请重新输入！ ")
            continue
        if student.id.strip() == '': # strip 删除字符串前后的空格
            print('学生 ID 不可为空')
            continue
        while True:
            student.name = input('请输入学生姓名：')
            if student.name.strip() == '':
                print('学生姓名不可为空')
            else:
                break
```

```
        for subject in student.scores.keys(): # keys 能够获得字典的
键列表
          while True:
            try:
               score = float(input(f'请输入学生的{subject}成绩: '))
               if not 0 <= score <= 100:
                  raise ValueError
               student.scores[subject] = score
               break
          except ValueError:
               print('学生成绩必须是0-100之间的数字，请重新输入！')
        self.data.append({'id':student.id, 'name':student.name,
'scores':student.scores})
        self.save()
        print("成功录入学生信息！")
        break

    def delete(self): # 删除学生信息
        while True:
           id = input("请输入想要删除的学生ID: ")
           item = self.find_id(id)
           if item != None:
              self.data.remove(item) # remove 删除
              print(f"已成功删除ID为{id}的学生")
              self.save()
              return

    def modify(self): # 给出ID号，修改学生的成绩
        while True:
           id = input("请输入想要修改的学生ID: ")
           item = self.find_id(id)
           self.data.remove(item)
           for subject in item['scores'].keys():
               while True:
                try:
                   score = float(input(f'请修改学生的{subject}成绩'))
                   if not 0 <= score <= 100:
                       raise ValueError
                   item['scores'][subject] = score
                   break
                except ValueError:
```

```
                print('学生成绩必须是0-100之间的数字,请重新输入! ')
            self.data.append(item)
            self.save()
            print(f"已成功修改 ID 为 {id} 的学生成绩 ")
            break

    def search(self):
        query = input("请输入想要搜索的 ID 或姓名 :")
        if len(self.data) != 0 :
            print(f"{'ID':<10}{'姓名':<8}{'英语':<8}{'语文':<8}{'
数学':<8}") # <代表靠左对齐，后面的数字代表字符串宽度
            for item in self.data:
                if query == item['id'] or query == item['name']:
                    print(f"{item['id']:<10}{item['name']:<10}
{item['scores']['英 语']:<10}{item['scores']['语 文']:<10}
{item['scores']['数学']:<10}")
        else:
            print('无数据显示')
            def sort(self): # 对学生成绩排序，可选英语，数学，语文这三种
学科进行降序排序
                while True:
                    choice = input("请选择想要排序的科目: ")
                    if choice in ['英语','数学','语文']:
                        self.data.sort(key = lambda x:float(x['scores']
[choice]), reverse=True)
                        self.show_lst()
                    break

    def total(self):
        print(f"总共有 {len(self.data)} 名同学的信息 ")

    def show_lst(self): # 展示所有学生信息
        if len(self.data) != 0 :
            print(f"{'ID':<10}{'姓 名':<8}{'英 语':<8}{'语 文':<8}{'数
学':<8}")
            for item in self.data:
                print(f"{item['id']:<10}{item['name']:<10}
{item['scores']['英 语']:<10}{item['scores']['语 文']:<10}
{item['scores']['数学']:<10}")
        else:
            print('无数据显示')
```

```
def menu():
    print('****************************** 教学信息管理系统 *****
************************')
    print('\t1. 录入学生信息 \t\t2. 查找学生信息 ')
    print('\t3. 删除学生信息 \t\t4. 修改学生信息 ')
    print('\t5. 排序 \t\t\t6. 统计总人数 ')
    print('\t7. 显示所有学生信息 \t\t8. 退出系统 ')
    print('*****************************')

def main():
    student_list = StudentList('student.txt')
    menu()
    while True:
        functions = {'1':student_list.insert, '2':student_list.search,
                     '3':student_list.delete, '4':student_list.modify,
                     '5':student_list.sort, '6':student_list.total,
                     '7':student_list.show_lst}
        choice = input(" 请选择功能（输入数字 1-8）:")
        if choice in functions:
            functions[choice]() # 通过字典来选择调用的函数
            menu()
        elif choice == '8':
            answer = input(' 确定退出系统吗（输入 y 或 n）: ')
            if answer == 'y' or answer == 'Y':
                print('~~~~~~~~~~~~~~ 感谢使用 ~~~~~~~~~~~~~~')
                break
            else:
                continue
        else:
            print(' 输入错误，请重新输入。')

if __name__ == "__main__":
    main()
```